여행은

연애。

여행은 연애。

초판 1쇄 발행 2016년 1월 20일
초판 2쇄 발행 2016년 2월 22일

지은이 주형원

펴낸이 金湞珉
펴낸곳 북로그컴퍼니
편집 김옥자 태윤미 김현영 이예지
마케팅 김선규 임우열
디자인 김승은
경영기획 김형곤

주소 서울시 마포구 월드컵북로1길 60, 5층
전화 02-738-0214
팩스 02-738-1030
등록 제2010-000174호

ISBN 978-89-94197-92-0 03980

여행은 연애。

스페인 산티아고에서 쿠바 산티아고까지

From Spain Santiago to Cuba Santiago

글 사진 주형원

북로그컴퍼니

너에게로 가지 않으려고 미친 듯 걸었던
그 무수한 길도
실은 네게로 향한 것이었다

— 나희덕 〈푸른 밤〉 중

차례

아프고 털리고 차이고 떠나기까지

Paris

나침반은 항상 북쪽을 가리킨다

Camino de Santiago

쉼표와 마침표 사이

Paris

비바 아모르

Cuba

아프고 털리고
차이고 떠나기까지

Paris

이건 코믹일까 비극일까

뭔가 공허했다. 이 공허함이 배가 고픈 건지, 내면이 허전한 건지 알지 못해 별수 없이 계속 먹기만 했다면 이건 코믹일까, 비극일까? 게다가 둔하디둔해 10킬로그램 가까이 살이 찐 것도 모르고 목욕탕 아줌마에게 체중계가 고장 났다고 당당히 따졌다면? 이 웃기지만 웃을 수 없는 일이 내 인생에서 벌어질 거라고는 결코, 단 한 번도 생각해본 적이 없다.

한국 공영방송국 파리 지국에서 해외 코디네이터로 일하다가 비자 문제로 잠시 한국에 들어갔던 게 지난겨울이다. 간 김에 며칠 시간을 내서 제주도 올레길을 걸었고, 간만에 몸도 마음도 풀 겸 목욕탕에 들렀다. 그리고 문제의 체중계에 올라섰다.

그런데 이상했다. 체중계의 눈금이 내가 예상한 지점에서 멈추지 않고 계속 올라갔다. 결국 눈금은 '60'이라는 숫자를 훌쩍 넘어선 후에야 멈춰 섰다.

'이건 말도 안 돼!'

안 그래도 때를 밀어주던 아줌마가 "육지에서 와서 그런지 살이 보들보들하네. 피부 고운 것 좀 봐. 근데 임신했어? 배가 많이 나왔네?" 하는 바람에 기분이 상당히 상해 있던 참이었다. 그런데 체중계까지 이러하니 이 목욕탕이 도대체 나한테 왜 이러는 거지, 라는 생각만 들었다. 체중계에 다시 올라갔다가 내려서기를 여러 번. 저울은 끝내 내가 알고 있던 몸무게를 가리키지 않았다.

나는 씩씩대며 목욕탕 아줌마를 찾아갔다. 그렇다. 나는 화도 잘 내고 그만큼 화도 잘 가라앉히는, 게다가 나중에는 내가 대체 왜 화가 났었는지도 까먹어버리는 전형적인 B형 여자다.

"아줌마! 이 체중계 고장 났어요!"

목욕탕 아줌마는 나를 어이없다는 눈으로 한번 훑어보고는 상대할 가치도 없다는 듯 말했다.

"고장은 무슨! 이상하면 저기 하나 더 있으니까 그걸로 재봐."

이미 나 같은 사람이 한두 명이 아니었는지 나의 주장은 씨알도 먹히지 않았다. 나는 또 다른 체중계에 올라가보는 대신 목욕탕에 대한 분노를 곱씹으며 최대한 빨리 옷을 입고 밖으로 나왔다. 나는 지금까지 단 한 번도 60킬로그램을 넘어본 적이 없다. 고로 목욕탕 체중계는 고장 난 게 틀림없었다.

내가 파리에 살고 있다고 말하면 파리지앵들(세상에서 제일 불평 많은 사람들, 오죽하면 '나는 뉴욕이 좋아' '나는 런던이 좋아'라는 'I Love' 시리즈 관광 티셔츠에 '나는 파리지앵이고 좋아하는 게 하나도 없어!'라고 쓰여 있을까.)을 제외한 모든 사람들은 나를 마치 동화 속에 살고 있는 공주라도 되는 양 부러워했다.
"너무 멋지다! 파리 어디?"
"트로카데로 광장 쪽…."
상대가 어딘지 모르겠다는 표정을 지으면 나는 누구나 알고 있는 랜드마크로 설명을 대신했다.
"에펠탑 근처야."
"에펠탑? 우와!"
실상은 에펠탑 바로 앞, 엘리베이터 없는 8층짜리 아파트,

대여섯 평이 될까 싶은 조그만 다락방이었다. 하지만 이런 얘기를 해본들 아무 소용 없었다. 이미 '에펠탑'이라는 단어 하나가, '파리'라는 도시 이름 하나가 쥐꼬리만 한 다락방을 대단히 낭만적이고 특별한 곳으로 만들어놓았기 때문이다. 실제로 다락방 창문 밖으로 보이는 파리의 풍경은 아름다웠다. 아니, 정확히 말하면 그 풍경만 아름다웠다. 이 두 문장은 엄연히 다른 뜻이다. 나는 다락방 이웃들과 화장실을 공유했고, 일단 방에 들어오면 8층을 다시 걸어 올라올 생각에 내려갈 엄두를 내지 못했다. 빨래방에서 세탁한 옷을 잔뜩 이고 계단을 오르거나 장을 잔뜩 본 후 방으로 향할 때는 정말이지 내 신세가 그렇게 초라해 보일 수 없었다. 게다가 계단은 상상을 초월할 정도로 가팔랐다.

일은 바빴고, 함께 술을 마시며 즐겁게 이야기할 친구도 있었고, 늘 나를 챙겨주는 소울메이트 '장뤽'도 있었다. 하지만 조그마한 다락방에 들어설 때면 한없이 공허했다. 외로움과는 또 다른 감정이었다. 나는 누구나 한 번쯤 살아보고 싶어 하는 이 아름다운 도시에서 생각하고 또 생각했다.

'이토록 아름답고 부족함 없는 도시에 살면서 내 마음은 왜 이리 공허할까? 내가 외국인이라서 그렇게 느끼는 걸까? 아니면 대도시에서의 삶이란 게 다 이런 걸까? 그도 아니면 인생이란 게 원래 이런 걸까? 그렇다면 모두들 무엇을 위해서 그렇게 열심히 사는 걸까?'

곧 서른이 다가오고 있었고 나는 두려웠다. 10년이 지나도, 20년이 지나도, 죽을 때가 되어서도 공허함을 느낀다면…

그러면 나는 어떻게 되는 거지?

누구는 배부른 소리 한다며 이렇게 충고할지도 모르겠다.

"모은 돈도 없고 계약직으로 일하는 주제에 몇십 년 후에 공허함을 느낄까 봐 걱정하다니! 정신 차리고 현실이나 똑바로 봐!"

하지만 나는 어깨에 짊어지고 있는 무거운 현실보다 보이지 않는 공허함이, 끝나지 않을 것 같은 공허함이 더 두려웠다.

이 두려움에서 벗어나지 못하면 서른 이후의 삶을 견뎌낼 자신이 없었다. 부유하지 않은 인생은 상상할 수 있어도 공허한 인생은 상상할 수 없었다. 아니, 상상하고 싶지 않았다.

'어떻게 살아야 공허함을 느끼지 않을까?'

나는 이 고민을 한껏 껴안은 채 스물아홉을 맞았다.

마음도 집도 몽땅 털리다

그렇게 스물아홉이 된 그해 초. 누군가가 심장을 쥐어짜는 것처럼 가슴이 답답하고 아팠다. 게다가 음식을 먹으면 속이 뒤집어졌다. 스트레스성 급성 위염이었다. 이전에도 겪었던 증상이라 시간이 지나면 나아지겠지 했는데, 웬걸! 시간이 지날수록 양배추 죽을 제외한 그 어떤 음식도 넘길 수 없었다. 그렇게 한 달 넘게 양배추 죽 혹은 바나나로 연명하다 보니 목욕탕 사건(?) 이후 결코 줄어들 기미가 없던 체중이 10킬로그램 가까이 빠졌다. 거울 속의 나는 급격한 노화에 방치되어 있었다. 사람들은 저절로 살이 빠지니 얼마나 좋겠냐며 호들갑을 떨었다. 심지어 "이 기회에 운동을 해서 근육까지 만들어보는 건 어때?"라고 말하는 야속한 사람들도 있었다.

나는 더 이상 웃지 않았다. 점심시간이 되면 동료들은 내 눈치를 보며 밥을 먹으러 나갔고, 나는 텅 빈 사무실에서 비닐봉지에 싸 온 양배추 죽을 데워 먹었다. 양배추 죽 특유의 비린내는 아무리 먹어도 익숙해지지 않았다. 하지만 일을 하려면 뭐라도 먹어야 한다는 생각으로 그 역한 죽을 꾸역꾸역 삼켰다.

밥을 제대로 먹지 못해서 몸무게가 빠지니 몸의 면역 체계가 흔들리기 시작했다. 수시로 괴롭히는 알레르기는 물론 없던 아토피까지 생겼다. 나는 처음으로 후천성 아토피가 존재한다는 것을 알게 되었다. 예전에 '여성의 몸'이라는 고미숙 선생님의 강의를 들은 적이 있다. 그때 우리 몸과 정신의 균형이 깨지면 몸이 '질병'을 통해 신호를 보내온다고 배웠다. 그러고 보니 갑작스레 불어난 10킬로그램의 살은 나를 향한 첫 경고였다.

하지만 나쁜 일이 늘 그렇듯 이걸로 끝이 아니었다.

몸이 거의 회복될 즈음, 파리에 잠시 머물고 있던 동생과 저녁을 먹은 후 집에 돌아왔는데 집 안이 온통 난장판이었다.

"야, 너 도대체 집을 왜 이렇게 어질러놓고 나온 거야?"

잔뜩 화가 나서 쏘아붙이는 나의 말에 동생은 미안하다는 말 대신 얼굴을 일그러뜨렸다.

"언니, 텔레비전이…!"

거실 중앙에 있어야 할 텔레비전이 없었다. 처음에는 어떻게 된 일인지 논리적으로 생각할 수 없었다. 하지만 금세 깨달았다. 나는 털린 것이다. 몽땅. 그것도 10년 가까이 파리에 살면서 단 한 번의 소매치기도 당한 적 없던 내가! (파리에 사는 사람에게는 경이로운 기록이다.) "에이, 뭐가 위험해? 정신만 똑바로 차리면 다 괜찮아. 난 소매치기 한 번 안 당했어."라며 여유롭게 웃던 내가!

다락방에서 이곳으로 이사 온 지 얼마 되지도 않았다. 원래 이 집에 살던 사람이 1년 동안 해외로 나간다기에 그 사람의 전자기기는 물론 가구까지 모두 임대한 상태였다. 차라리 다락방이었다면 털릴 것도 없었다. 상황을 다 파악하고 나니 머릿속이 하얘졌다.

도둑은 컴퓨터, 아이패드, 텔레비전은 물론이요, 밥솥까지 가져갔다. 아니, 밥도 해 먹지 말라는 건가? 인정머리라고는 손톱만큼도 없는 이 도둑은 집 어딘가에 현금이 숨겨져 있을 거라고 생각했는지 가구, 책장, 심지어 속옷 서랍까지 뒤집어놓았다. 눈앞에 펼쳐져 있는 상황도 끔찍하게 원통한데 태어나서 처음으로 산 나름 메이커인 새 가방(아까워서 계속 모셔놓기만 한)까지 들고 가버리다니!
아홉수라고 했던가. 면역력이 무너진 아픈 몸으로 해외에서 직장 생활하느라 나는 정말 죽을 만큼 힘들었다. 그런데 집까지 털리다니! 아, 정말 다 놓아버리고 아무도 모르는 곳에서 딱 3개월만 살다 왔으면 좋겠다는 생각이 들었다.
집을 몽땅 털려본 사람은 안다. 특히 해외에서 혼자 살다가 집을 털린 여자는 더 잘 알 것이다. 안전하다고 믿어 의심치 않던 최후의 보루가 무너지는 그 아찔한 소리를. 내가 믿던 세상이 전혀 안전한 곳이 아니었다는 깨달음과 함께 오는 경계심을. 한껏 움츠러드는 자신을.
신고를 했지만 역시 프랑스 경찰다웠다.
"오늘 털린 집이 많아요. 지문 감식관이 먼저 들어온 일 끝내고 갈 거니까 기다리세요."
나는 동생을 데리고 밖으로 나왔다. 무서워서 도저히 집에 있을 수 없었다. 내 방이 잘 보이는 카페에 앉아 오매불망 지문 감식관을 기다렸다. 그렇게 한 시간, 두 시간, 세 시간이 흘러 새벽 1시가 넘어가는데도 온다던 사람은 감감무소식이었다. 연락조차 없었다. 도둑맞은 집에서 두 다리 펴고 잘 엄두가 나지 않아서 나는 동생을 데리고 친구 집에 찾아가 하룻밤 신세를 졌다.

다음 날, 경찰서에서 전화가 왔다. 경찰은 미안하다는 말 한마디 없이 기계적으로 말했다.

"차가 고장 나서 거기까지 가는 데 시간이 많이 걸려요. 지문 감식을 원하지 않으면 집 다 정리해서 원래대로 사시고, 지문 감식을 원하면 계속 기다리세요."

나는 오기가 생겨서 기다리겠다고 말했다. 도대체 무슨 대단한 장비를 가져오기에 이러는 걸까 싶었다. 미드에서 봤던 과학수사대의 첨단 장비들이라도 가져오는 걸까.

그렇게 기다리기를 또 몇 시간. 점심시간이 한참 지난 후에야 지문 감식관이 도착했다. 단 한 명이, 단 하나의 지문 채취 박스를 들고서 말이다. 아니, 커다란 장비도 없이 혼자 올 거면서 도대체 왜 차가 필요했을까? 그는 다짜고짜 도둑이 옮겨놓은 물건이 무어냐고 물었고 나는 도둑이 헤집어놓은 많은 물건들 중 거울을 가리켰다. 그러자 남자는 흰 가루를 거울에 묻힌 후 붓으로 그걸 털어냈다. 채 1분도 걸리지 않았다.

"지문이 없네요. 바쁘니까 이만 가볼게요."

이런 말도 안 되는 수사 과정을 보면서도 내 머릿속에는
단 하나의 질문만 맴돌았다.
'어떻게 집이 통째로 털렸는데 이 건물의 어느 누구도 눈치채지
못했을까?'
생각해보니 나조차도 짐을 옮기는 소리가 들리거나 짐을 옮기는
사람들과 마주치면 누군가가 이사를 하나 보다, 여겼을 것이다.
도둑은 대도시 사람들의 무관심을 노린 게 틀림없었다.
어쩌면 그동안 어딘가에서 도둑을 몇 번이나 마주쳤을지도
모른다고 생각하니 몸서리가 쳐졌다.
침통한 마음으로 건물 관리자에게 도둑맞았다는 사실을 알렸다.
그리고 나는 내 방 외에도 두 집이 더 털렸다는 사실을
알게 되었다.

아파서 10킬로그램 가까이 살이 빠졌고, 집도 몽땅 털렸다.
그러고 나니 방송국과의 계약 기간이 끝나가고 있었다. 나는 이
상황들 때문에 울고 싶을 만큼 힘이 들었지만 막막하기만 한
미래에 대한 두려움에 비하면 그건 아무것도 아니었다.
하지만 불운은 여기서 끝나지 않았다.

모든 것이면서 아무것도 아닌

"나는 아직 너랑 다시 시작할 자신이 없어. 미안해."

늘 눈물이 많은 장뤽이 울면서 말했다. 나의 스물아홉 번째 생일을 기념하러 근사한 포르투갈 레스토랑에 가는 길이었다. 이 눈물의 발단은 늘 그렇듯 기억도 나지 않을 만큼 사소한 일이었다. 하지만 그렇게 아무것도 아닌 일들이 가끔은 너무나 큰 소용돌이로 되돌아온다. 바로 장뤽의 눈물처럼.

파리 지하철역 근처의 수많은 사람들이 울고 있는 그와 화를 내고 있는 나를 힐끗힐끗 쳐다봤다. 나는 그 시선들에 아랑곳없이 치밀어 오르는 분노를 정신없이 뿜어댔다.

'아니, 자기가 울긴 왜 울어? 정작 바닥에 주저앉아 엉엉 울 사람은 생일날 이런 말을 들어야 하는 난데!'

그와 나의 관계는 모든 것인 동시에 아무것도 아니었다. 10년 가까이 알아온 우리는 사귄 지 3년째 되는 해에 헤어졌고, 그 이후로도 6년 넘게 때로는 가족처럼 때로는 연인처럼 때로는 단짝친구처럼 지내왔다. 친한 사람들조차 우리를 보면 고개를 갸우뚱거렸다.

"둘이 도대체 무슨 사이인지 모르겠어!"

그래서 나는 "남자친구 있으세요?"라는 질문에 답하는 게 늘 골치 아팠다. 있기도 하고 없기도 했으니까. 하지만 이렇게 말하면 열에 아홉은 이해하기 힘들다는 표정을 지었다. 혹은 자기를 놀린다고 생각했다. 때문에 나는 그때그때의 기분이나 상황에 따라 있다고도 하고 없다고도 했다. 뭐, 사실 둘 다 맞는 말이었다. 그마저도 답하기 싫을 땐 그냥 "많아요!"라고 말했다.

나와 장뤽은 '프랑스입양아협회'를 통해 처음 만났다. 내가 프랑스로 막 건너왔을 때다. 나는 한국에서 프랑스로 입양된 사람들을 돕고 싶다는 마음으로 협회 게시판에 한국어를 가르쳐주겠다는 메시지를 남겼다. 그걸 본 장뤽이 내게 연락을 해왔다. 마침 그때가 장뤽이 프랑스로 입양된 후 처음으로 한국을 방문했다 돌아온 시점이었다. 나는 약속 장소에 일찍

나가 기대 반 설렘 반으로 그를 기다렸다. 하지만 그는 한참이 지나도 나타나지 않았다. 카페에 있는 동양인이라고는 한국 시골에서 막 상경한 듯한 청년뿐이었다. 당연히 그가 장뤽일 리는 없었다. (신기하게도 교포와 입양아는 대부분 티가 난다.) 기다리다 지친 나는 그에게 전화를 걸었다. 그런데 놀랍게도 그 시골 청년이 전화를 받았다.
네 살에 프랑스로 입양된 그는 외모도, 정서도 한국에서 20년을 산 나보다 더 한국 사람 같았다. 그는 내가 부러워할 정도의 사랑을 받으며 자랐다. 그래선지 프랑스에서는 물론이요, 한국에서도 찾아보기 힘든 순수함과 따뜻함을 지닌 남자였다. 추운 겨울, 떨고 있는 노숙자에게 따뜻한 커피 한 잔을 건네야 마음이 편안해지는 그런 남자였던 것이다. 물론 파리의 노숙자는 그 명성에 걸맞게 고마워하기는커녕 "우유는? 우유는 안 넣었어?"라며 불평을 해댔다. 그에게 "고마워하지도 않는데 왜 자꾸 커피를 사주는 거야?"라고 물으면 "이렇게 추울 때 그거라도 해야 된다고 생각해서."라는 답이 돌아왔다. 불교에 관심이 있어서 그에 관련된 책을 즐겨 읽으며, 장난으로 (어쩌면 진담으로) 언젠가는 수도승이 되겠다고 말하는 그는 나의 붓다다.
그런 그와의 공식 연애 기간은 7년 전에 끝났다. 그것도 그가 나를 '뻥' 차면서 말이다. 이렇게 말하면 장뤽이 더 이상 나를 사랑하지 않아서 혹은 바람이 나서라고 생각할지 모르겠다. 하지만 그가 우리 관계에 종지부를 찍을 수 있었던 가장 큰 힘은 바로 '사랑'이었다.
나는 지옥과 천국을 오고 가는 롤러코스터 식 연애에 익숙한 사람이다. 그러한 '자극 주파수'에 한번 맞춰지니 평범한, 하지만 정신 건강에는 훨씬 더 이로운 관계는 상상할 수 없었다. 나쁜 연애는 그야말로 중독이었다. 장뤽은 그런 나를 '미워하는 것'조차 힘들어하는 '착하디착한' 남자였다. 나를 미워하지 않으려면 나를 떠나야 했다. 그는 그날 역시 펑펑 울면서 나와의 연애에 종지부를 찍었다.
그가 떠나고 난 후, 나는 그야말로 마음의 대 지각변동을 겪으며 뼈를 깎는 듯한 아픔에 허덕였다. 그때 나는 온전히 나 혼자만 아픈 것 같았다. 그래서 울다가 화를 내고, 화를 내다가 또 울었다. 더 이상 이렇게는 살 수 없겠다, 싶을 때 결심했다. 이곳을 떠나야겠다, 라고.

나는 교환학생 신분으로 미국으로 건너가 몇 개월을 정신없이 보냈다. 다행인지 불행인지 장뤽은 지구 반대편에서도 내게 연락을 해왔다. 나의 소울메이트이자 내 인생 최고의 응원가로 남는 걸 서슴지 않고 택한 것이다. 그때 나는 주말마다 기숙사 식당에서 설거지를 하거나 새벽까지 기숙사 데스크를 지켜야 먹고살 수 있을 정도로 가난했다. 상황이 그러하니 여행은 꿈도 꾸지 못했다. 그때 그가 뉴욕은 꼭 한번 가봐야 할 곳이라며 우편물에 직접 환전한 달러를 숨겨 보내주었다. 한창 아프리카를 여행하고 싶다고 노래를 부를 때는 그 꿈을 잃지 말라며 없는 돈을 탈탈 털어 (대부분의 순수한 영혼이 그렇듯 그는 늘 가난했다.) 비싼 트렁크를 사주기도 했다. 시간은 잘도 흘러갔다. 나는 그가 아프리카로 떠나라고 사줬던 빨간색 트렁크를 들고 아프리카가 아닌 파리로, 그리고 그에게로 돌아왔다. 그게 3년 전의 일이다.

나는 운이 좋게도 금세 직장을 구했다. 그런데 그 즈음 요리사였던 장뤽이 실업자가 되었다. 나는 드디어 지난날의 빚을 갚을 기회가 왔다고 생각했다. 나는 근사한 식당으로 장뤽을 자주 초대했고, 문화생활도 함께했다. 그러면서 속으로는 나

스스로를 엄청 대견해했다. 그렇게 또 시간이 흘러갔다.
'내가 이렇게 잘하는데 장뤽도 이젠 내가 변했다고 생각하겠지?'
나는 우리가 곧 다시 커플이 되고 언젠가 결혼해서 아이도 가질 거라고 생각하며 자주 '우리'의 미래를 상상했다. 그리고 나의 스물아홉 생일을 기념하기 위해 해산물 요리로 유명한 레스토랑으로 발걸음을 옮기며 나의 이런 마음을 장뤽에게 슬며시 내보였다. 그러자 예상치도 못한 소용돌이가 불어왔다.
"나는 아직 너랑 다시 시작할 자신이 없어. 미안해."
장뤽은 이 말을 하면서 정말이지 펑펑 울었다. (착한 사람들은 종종 의도치 않게 사람을 두 번 죽인다.)
"네가 많이 변했다는 건 알아. 하지만 정말 자신이 없어. 계속 이렇게 친구로 남는 게 좋을 것 같아."
아니, 도대체 이게 무슨 소리야? 내가 지난 3년간 얼마나 잘한다고 했는데! 내 마음은 순식간에 분노와 억울함으로 부풀어 올랐다.
"그래, 됐어! 두고 봐! 난 다른 멋진 사람 만날 거야! 이제 너랑은 정말 끝이야!"

그렇게 스물아홉을 맞은 나의 몸과 영혼은 그야말로 탈진 상태가 되었다. 내가 보고 있는 내 모습은 내가 꿈꾸던 서른의 모습이 아니었다. 그제야 늘 꿈꾸던 '서른 맞이 여행'을 할 시간이 얼마 남지 않았다는 것을 깨달았다.

두려움은 영혼을 잠식한다

중학생 때였나? 각자의 꿈을 말하는 시간이었다. 선생님, 과학자, 대통령, 연예인… 등 모두가 특정한 직업을 말할 때 나는 이렇게 대답했다.

"저는 서른이 될 때까지 3개 국어를 하는 게 꿈이고요. 여행을 많이 다니고 싶어요."

돈을 많이 벌고 싶지도, 명예를 쌓고 싶지도 않았다. 어린 마음에도 그저 자유롭게 살고 싶었고 많은 걸 보고 경험하고 싶었다. 그리고 그 생각은 지금도 변함이 없다. 실제로 나는 열일곱 살에 홀로 떠난 프랑스 배낭여행을 시작으로 한동안 정말 치열하게 돌아다녔다. 얼마 전 알게 된 친구는 내게 이렇게 묻기도 했다.

"너 간첩이니?"

당시 우리는 이런저런 대화를 나누고 있었고, 그 끝에 호주 멜버른 이야기가 나와서 내가 그곳을 눈에 보이는 것처럼 설명하는 중이었다.

"어떻게 그렇게 잘 알아?"

"거기서 3개월 정도 있었어."

"너 워싱턴에도 있었다고 하지 않았어?"

"거기는 교환학생으로 가 있던 거고."

"파리는 언제 온 거야?"

"스물한 살."

"그럼 파리에 온 후에 그렇게 돌아다닌 거야? 도대체 어디 어디를 다닌 거야?"

"음… 튀니지, 러시아, 터키, 이스라엘, 스페인, 이집트…."

실제로 나는 내 나이에 비해 꽤 많은 나라와 도시들을 방문했다. 몇 개월, 혹은 1년을 산 도시도 있었고, 취재나 출장으로 간 나라도 있었으며, 그저 마음 가는 대로 스쳐 지나갔던 지역들도 적지 않았다. 특히 방송국 보도팀에서 일하면서 개인적으로 가기 힘든 아프리카와 중동을 오가며 스릴 넘치는 시간을 보내기도

했다. 그래서 간만에 연락이 닿은 사람들은 꼭 이렇게 물었다.

"지금 어디야?"

누군가는 우리 집이 여유로워서 별다른 고민 없이 이렇게 돌아다녀도 되나 보다, 라고 생각할지 모르겠다. 하지만 정말 드라마틱하게 사정이 좋아진 최근 몇 년을 제외하고는 우리 집 경제 사정은 늘 넉넉지 않았다. 학창시절, 세상에서 가장 어려웠던 말이 바로 '돈' 달라는 말이었다. 그 말 한 번 시원하게 하지 못해 학교에 제때 내야 할 돈을 내지 못했고, 선생님에게 혼나기도 많이 혼났다. 유학 자금 역시 쉴 새 없는 아르바이트로 충당했다.

돈에서 자유로운 사람은 둘 중 하나다. 돈이 정말 많거나 (아이러니하게도 이런 사람들이 돈에서 자유롭기는 더 힘들다.) 돈이 없어봐서 없으면 없는 대로 살 수 있다는 걸 피부로 느껴본 (다른 말로 하면 진작부터 돈을 포기한) 사람. 나는 후자다.

그래서 우리 엄마는 늘 내가 걱정이라고 말한다.

"너는 없으면 없는 대로, 있으면 있는 대로 사는 데에 너무 익숙해져 있어."

다행히 고등학교를 졸업한 후 지금까지 항상 돈이 필요하면

일이 들어왔고 일이 들어오면 돈이 들어왔다. 그건 파리에서도 마찬가지였다. 그래서 지난 2년간 방송국 계약직으로 일하며 벌어놓은 얼마 되지 않는 돈을 서른 맞이 여행에 아낌없이 투자(?)할 배짱이 생긴 건지도 모른다.

"이제 일 그만두면 뭐할 거야?"
일을 정리하고 있는데 지국장님이 물었다.
"한 1년간 여행 다니려고요."
"아니, 한두 달 여행하는 건 좋아도 그 다음엔 지겹지 않아?"
'지겹다니! 내가 이렇게 여행할 수 있는 순간을 얼마나 기다려 왔는데!'
난 어릴 때부터 생각했다.
'서른 살 생일이 되기 전 1년은 꼭 멋지게 여행하며 보낼 거야!'
나는 꿈을 꿈으로 끝내는 성격이 아니었다. 여행을 하려면 아무래도 두세 개의 외국어는 해놓아야 할 것 같아서 열네 살이 되자마자 프랑스 문화원을 다니기 시작했고, 그 덕에 한국외대에 프랑스어, 영어 특기자로 수시 입학했다. 하지만 서른 살이 되기 전 몇 년 동안은 그 꿈을 아예 잊고 살았다. 아마 끔찍한 아홉수를 맞지 않았더라면 영영 잊어버렸을지도 모른다.

때로는 시련이 최고의 자극제다.

늘 파이팅이 넘치던 이십 대를 지나 서른을 앞둔 나는 어쩐 일인지 두려움이 많아졌다. 이러면 어쩌지, 저러면 어쩌지, 고민하며 망설이는 시간이 많아졌다. 나도 어쩔 수 없이 변하는구나, 라고 한탄하고 있을 때 장뤽이 말했다.

"네가 미래에 대해 두려움을 느끼는 건 성숙해지고 있다는 증거야. 전에는 하고 싶은 대로 살았다면 이제는 좀 더 책임감을 가지고 살아야 된다고 느끼는 거지. 음… 그러니까 전에는 하나만 보고 돌진했다면 이제는 이런저런 상황에 대해 인식하고 있다는 증거야."

고개가 끄덕여지기는 했지만 나는 여전히 불안했다.

'이러다 평생 아무것도 아닌 사람으로 살면 어떡하지? 꿈을 이루지 못하면 어떡하지? 쓸쓸하게 혼자 외롭게 살아가면 어떡하지? 평생 방황만 하다가 인생이 끝나버리면 어떡하지?'

그런데 아홉수가 던진 무자비한 공에 여러 번 두드려 맞다 보니 정신이 번쩍 들었다. 그동안 잊고 있던 꿈도 다시 떠올랐다.

'그래, 불안과 두려움, 시련이 인생 전반에 스며들고 있는 지금이

바로 떠나야 할 때야!'
어떻게 보면 지독히 절망적일 수도 있었지만 어떻게 보면 여행을 떠날 다시없는 기회였다. 난 왜 이렇게 이뤄놓은 게 없고 가진 게 없을까 자책하며 후회와 눈물로 보낼 수도 있었지만 다시는 돌아오지 않을 이십 대를 멋지게 마무리할 수 있는 시간이었다.

나는 일을 정리하면서 어린 시절부터 꿈꿔온 서른 맞이 여행을 계획했다. 자연스럽게 스페인 산티아고와 쿠바 산티아고가 떠올랐다. 지난해 잠깐의 휴가를 얻어 걸었던 산티아고 순례길을 완주하고 싶었고, 쿠바에서 춤을 배워 열정적으로 몸을 흔들며 서른을 맞이하고 싶었다. 나는 다시 한 번 '두려움이 도대체 뭐야?'라고 묻는 사람처럼 용감하게 떠나보기로 했다.

, L'ORGE GRANDIT
R LE CLAN,
AN CAMPBELL.

6514

나침반은 항상 북쪽을 가리킨다

Camino de Santiago

정상과 비정상 사이

서른 맞이 여행의 첫 번째 여행지, 스페인 산티아고로 향하는 기차 안에서 내 눈은 그림 같은 창밖 풍경이 아닌, 머리 위 짐칸에 위태롭게 놓여 있는 나의 배불뚝이 가방에 닿아 있었다. 기차를 타기 위해 새벽 5시에 일어났건만 잠이 오기는커녕 가방에 신경이 쓰여 오던 잠도 달아날 판이었다. 가방은 짐칸에서 떨어질 것처럼 한 귀퉁이가 비어져 나와 있었다. 그냥 굴러 떨어지면 차라리 다행이련만 왠지 가방은 노트북으로 한창 영화를 보고 있는 남자의 머리 위로 떨어질 것 같았다. 그리고 이 여행이 가방의 추락과 동시에 허무하게 끝나버릴 것 같았다. 물론 안다. 이게 현실적으로 말도 안 되는 일이라는 것을. 하지만 나의 걱정은 가방이 점점 더 짐칸 밖으로 제 몸을 밀어내고 있는 환영까지 만들어냈다. 깜짝 놀라 눈을 크게 뜨고 짐칸을 쳐다보면 가방은 마치 나를 조롱하듯 일말의 미동도 없이 얌전하게 누워 있었다. 이런 말도 안 되는 망상에 시달리는 이유는 간단했다.

두려웠다. 떠나는 것이.

두려움 없이 떠나보리라 장담했건만 막상 떠난다고 생각하니 두려웠다. 어제는 늦은 밤까지 이런 생각을 했다. 도대체 5주 동안 어떻게 쉬지 않고 걸을 수 있을까…. 참으로 막막했다. 게다가 가는 날이 장날이라고 내가 떠나는 날 아침까지 대대적인 프랑스 철도 파업이 예정되어 있었다.

'기차 두 대 중 한 대가 취소라는데… 차라리 이 핑계로 출발을 미뤄볼까?'

별의별 생각들이 머리를 스쳐 갔고 종래에는 하필 파업에 맞춰 기차표를 구입한 나를 자책하기에 이르렀다. 물론 밥 먹듯 파업이 벌어지는 곳이 바로 파리다. 그러니 내가 떠나는 날 파업이 있다는 게 확률적으로 불가능한 일도 아니었다. 이렇게 나를 두둔해봐도 5주 동안 혼자 쉬지 않고 걸을 자신이 없었다. 파리에서 만났던 사진작가 배병우 선생님의 말씀도 떠올랐다.

"산티아고에 가는 사람들은 정상이 아니야. 정상이면 도시에서 멀쩡하게 살지 왜 거기까지 가서 걷고 있겠어?"
물론 본인도 직접 그곳에 다녀오신 후에 한 농담이다. 정상의 기준을 모르니 내가 정상인지 아닌지는 모르겠지만 주변에 산티아고 순례길을 완주할 거라고 하도 말을 해놔서 이젠 안 가려야 안 갈 수도 없었다. (이놈의 입방정이 늘 문제다!)
드디어 떠나는 날. 7시 반 기차를 타기 위해 새벽부터 일어나 정신없이 파리 몽파르나스 역으로 달려왔다. 막 문을 연 카페에서 여느 파리지앵들처럼 크루아상과 에스프레소로 아침을 해결했다. 기차를 기다리며 잠시 숨을 돌리려는데 앞 테이블에 홀로 앉아 있는 남자가 눈에 들어왔다. 그는 정신 나간 사람처럼 손에 쥔 에스프레소 잔으로 테이블을 계속 내리쳤다. 그 모습을 보고 있자니 왠지 마음이 아팠다.
'공허함이 사람을 미치게 만드는 건 아닐까?'
이제 곧 나도 길 위에서 혼자가 된다. 기차는 파업에도 불구하고 제시간에 도착했고 제시간에 출발했다. 시작은 좋았다. 하지만 내가 파리를 떠나고 있다는 게 여전히 실감나지 않았다.

북쪽 길의 선서

"나는 순례자이며 언젠가는 반드시 산티아고에 갈 것이다."
난 그렇게 산티아고에 발목이 잡혔다. 그것도 1년 전, 휴가차 떠났던 산티아고 '북쪽 길'(산티아고 데 콤포스텔라까지 향하는 순례길 중 하나)에서 말이다.
그때 나는 파리에 새로 부임 온 특파원에게 휴가를 쓰겠다고 말했다. 하지만 그는 긍정의 제스처를 보이지 않았다. 그렇다고 기가 죽을 내가 아니었다.
"이건 노동착취예요!"
이 말 한마디로 그에게 문화적 충격을 안겨준 뒤 나는 일주일의 휴가를 얻어냈다. 항상 근거 없는 자신감으로 '갑'처럼 행동하는 '을'이 바로 나다. 하지만 그렇게 당당하게 떠났던 휴가, 즉 북쪽 길에서의 경험은 말할 수 없이 창피하다.
나는 북쪽 길을 한국에서 걸었던 올레길 정도로 생각했다. 그래서 10킬로그램이 넘는 배낭을 짊어진 채 북쪽 길에 도착했다. 고이 모셔두었던 새 신발을 신은 채로 말이다. 내가 준비한 건 기차표와 새 가방, 옷가지, 침낭, 읽을 책, 그리고 북쪽 길과 알베르게(산티아고 순례자 숙소) 주소가 나와 있는 프랑스어 가이드북이 전부였다.
결과는 참담했다. 나는 아침부터 길을 잃었다. 그리고 오후가 되어서야 험악하기로 유명한 피레네산맥에 진입했다.
새 신발 때문에 앞으로 나아가는 순간순간이 고통스러웠다. 짐은 또 얼마나 무거운지, 그야말로 몸이 으깨지는 것 같았다. 피레네산맥의 아름다운 경치는 이미 눈에서 멀어진 지 오래였다.
'아, 내가 북쪽 길을 너무 우습게 봤구나!'
그제야 후회를 했지만 소용없었다. 산티아고로 가는 길은 그저 걷기 좋은 길이 아니었다. 많은 사람들이 알고 있듯 자신을 돌아보며 걷는 고되고 힘든 길이었다. 난 왜 이 사실을 그곳에 가서야 깨달았을까. 발목은 계속 부어올랐다. 다음 알베르게까지 가려면 10킬로미터 이상을 더 걸어야 했다. 이 산중에 잘 곳이 있을 리 없었다. 그러니 죽든 살든 내 발로 10킬로미터를 걸어야 했다. 나는 15분마다 멈춰 서서 숨을 돌렸다. 그렇게 발을 질질 끌다시피 걸어서 겨우 해가 지기 전에 알베르게에 도착했다.

나를 본 자원봉사자 할아버지가 물었다.

“며칠째야?”

“오늘이 첫날이에요.”

그러자 할아버지는 “첫날부터 벌써 이러면 어떡하나?”라며 난감한 표정을 지었다. 나는 할아버지의 말에 대답할 힘도 없어 그대로 알베르게에 들어갔다. 그런데 산 넘어 산이라고… 그곳에는 또 다른 난관이 나를 기다리고 있었다. 알베르게에 묵으려면 순례자 전용 여권(크레덴셜)이 필요했다. 당연히 내 수중에 없는 물건이었다. 얼마나 사전 준비를 하지 않았으면 이렇게 기본적인 사실도 몰랐을까! 나는 지푸라기라도 잡는 심정으로 뒤따라 들어온 할아버지에게 물었다.

“여기서 순례자 여권을 만들 수는 없어요?”

“물론 가능하지. 네가 진짜 순례자라면 말이야.”

“저는 북쪽 길을 걸으러 온 순례자가 맞아요.”

“단순히 걷는다고 순례자가 되는 건 아니야. 순례자라면 산티아고까지 가야 해.”

“이번엔 휴가가 일주일밖에 없어서 불가능해요.”

“이번에 꼭 안 가도 돼. 하지만 언젠가는 꼭 가야 해. 그게 산티아고 순례자의 의무야.”

그 말에 나는 다음 기회에 꼭 산티아고까지 걷겠다고 말했다. 그런 내가 못 미더운지 할아버지는 자기를 따라 하라며 또박또박 말했다.

“나는 순례자이며 언젠가는 반드시 산티아고에 갈 것이다.”

“나는 순례자이며 언젠가는 반드시 산티아고에 갈 것이다….”

나는 엉겁결에 할아버지의 말을 따라 했다.

입으로 내뱉은 숱한 말들 중 잊히지 않고 계속 마음 어딘가에 남아 있는 말들이 있다. 그래서 꿈꾸게 되는 말들이 있다. 내게는 바로 ‘북쪽 길의 선서’가 그랬다. ‘프랑스 길’(생장피드포르에서 산티아고 데 콤포스텔라까지의 순례길)에 다시 서기까지 1년이 걸렸다. 그동안 나의 사무실 컴퓨터 모니터에 펼쳐져 있던 북쪽 길은 그날의 선서를 늘 환기시켜주었다.

나에게 걷는다는 것은

한때 나에게 걷는다는 것은 매우 친숙한 행위였다. 나는 또래 여자아이들이 좋아하는 고무줄놀이나 인형놀이, 혹은 공기놀이에 별 관심이 없었다. 대신 혼자 새로운 길을 걸으며 이런저런 공상하기를 즐겼다. 그럴 때마다 미지의 세계를 개척하는 탐험가라도 된 기분이었다. 친구와 함께 걷는 것도 좋아했는데, 길을 나아가듯 자연스럽게 서로의 이야기를 풀어낼 수 있어서였다. 나는 버스를 타고 갈 거리도 일부러 걸어 다녔고, 친구와 수다를 떨고 싶으면 "우리 걸어가자!"라고 제안했다. 하지만 언제부턴가 걷지 않았다. 안 그래도 바쁜 세상인데 걸어 다닐 시간이 어디 있겠냐고 스스로를 다그쳤는지도 모르겠다. 아니면 점점 게을러져서? 뭐, 둘 다 맞는 말이다. 당연히 누군가와 함께 길을 걸으며 이야기하는 시간도 사라졌다. 대신 사방이 꽉 막힌 카페에 들어앉아 점점 더 무거워지는 엉덩이를 푹신푹신한 소파에 파묻고 나중에는 기억도 나지 않을 그저 그런 이야기를 해대는 데에 익숙해졌다.

파리의 어느 겨울, 보름 넘게 지속된 지하철 파업으로 그날도 어떻게 하면 가고자 하는 곳에 무사히 도착할 수 있을까를 고민했다. 아무리 머리를 싸매도 중간에 차편이 연결되지 않았다. 그러니 갈아타는 지점부터 목적지까지 걸어갈 수밖에 없었다.

'파업을 해도 꼭 이 추운 겨울에 해야 돼? 다 얼어 죽으라고?'

속으로 온갖 불평을 해대며 지하철에서 내려 길을 걸었다.

그렇게 땅만 보며 걷다가 센 강 다리 위에서 문득 고개를 들었다. 그리고 깨달았다. 흰 눈이 쌓인 파리의 풍경이 얼마나 아름다운지를. 이 아름다운 도시에 살면서 제대로 주위를 둘러보지 않고 살았다는 것을. 내가 걷는 걸 참 좋아하던 아이였다는 사실을.

걸어갈 수 있는 거리면 무조건 걸어 다녔던 어린 시절과 달리 지난 몇 년간 나는 무조건 대중교통을 이용해 목적지로 향했다.

버스가 막힌다는 이유로 지하철만 타고 다녔으니 파리의 풍경 대신 오줌 냄새가 진동하는 파리의 지하철 풍경만 눈에 담고 살았던 것이다. 내가 심각한 길치라는 것도 대중교통을 고집하는 이유 중 하나였다. 나는 집 바로 옆 골목에 내려줘도 집을 찾아가지 못하는 길치 중의 길치다. 그래서 나를 잘 아는 사람들은 약속 장소에서 만나자는 말 대신 내가 아는 곳에서 만나 같이 약속 장소까지 가자고 말한다. 그러지 않으면 분명 내가 한참 길을 헤맬 게 뻔하기 때문이다. 오죽하면 내가 피레네산맥을 걸어봤다고 하자 사람들이 이렇게 물었겠는가?
"진짜 피레네산맥에 갔다 온 거야? 길도 잘 못 찾으면서 그 넓디넓은 산은 어떻게 넘었어? 혹시 길을 잘못 들어서 어디 저기 딴 나라 언덕에 갔다 와서는 혼자 피레네산맥이라고 생각하는 거 아니야?"
길을 잃어버리면 한참을 헤맨다. 그러다 보면 도착해야 할 곳에 제때 도착하지 못한다. 때문에 나는 버스나 지하철이 나를 목적지까지 태워다주는 게 편했다. 언제부턴가 살아가는 것보다 살아지고 있는 게 더 편했던 것처럼.

같은 곳 다른 곳

그러니까 1년 전, 그때의 이야기를 조금 더 해야겠다.
어찌어찌해서 겨우 순례자 여권을 만들어 알베르게에서 자고 난 다음 날 아침. 같은 숙소에 있던 순례자들은 벌써 출발했는지 거의 보이지 않았다. 겨우 7시가 좀 넘었을 뿐이었다. 충격이었다. 아침 일찍부터 움직이는 이들에 대해서라기보다 그들을 따라잡으려고 급히 나가려는데 내 발목을 잡아끄는 가방의 무게 때문이었다. 적어도 3, 4킬로그램을 줄이지 않으면 앞으로의 여정이 불가능할 것 같았다. 나는 알베르게를 청소하고 있던 자원봉사자 할아버지에게 물었다.
"혹시 주변에 우체국이 있나요?"
"산세바스티안에 있어."

그리 먼 거리는 아니었다. 나는 그곳에서 짐 일부를 파리로 붙여야겠다고 생각하며 길을 나섰다. 다행히 헤매지 않고 우체국에 도착할 수 있었다. 나와 같은 사람이 한둘이 아니었던 모양인지 우체국 직원은 내가 아무 말도 하지 않았는데 상자를 꺼내 내게 건넨 후 짐을 포장해 오라는 눈짓을 보냈다.
나는 고맙다는 말과 함께 상자를 들고 우체국 구석으로 갔다.
막상 상자를 마주하니 무엇을 넣어야 할지 망설여졌다.
여러 가지 경우의 수를 생각하다 결국 앞으로의 여정에 방해만 될 게 뻔한 새 신발과 책 몇 권, 옷가지 몇 벌 등을 배낭에서 상자로 옮겨 담았다. 그리고 미련 없이 파리로 보내버렸다.
그제야 까미노(camino. 길이라는 뜻의 스페인어로, 여기서는 산티아고까지 가는 순례길을 뜻한다.)를 걸을 준비가 된 것 같았다. 마음이 홀가분해지자 내 앞에 펼쳐져 있는 길들도 가뿐해 보였다. 나는 혹시나 하고 준비해 온 등산용 샌들을 신고 다시 길을 나섰다. 가을이었지만 날씨는 여전히 따뜻했고, 산속이었지만 햇살은 여전히 포근했다.
그렇게 얼마쯤 걸었을까. 날이 어두워지기 시작했다. 다음 마을에 있는 알베르게까지 얼마나 더 가야 하는지 가늠할 수 없어 마음이 급해지기 시작했는데, 설상가상으로 비까지 오기 시작했다. 그야말로 장대비였다. 속옷까지 흠뻑 젖었고, 진흙길에 샌들이 자꾸만 미끄러졌다. 길을 알려주는 노란 화살표도 더 이상 보이지 않았다. 가도 가도 진작 나왔어야 할 알베르게는 보이지 않았다. 한참을 헤맨 끝에 신기루 같은 집 한 채를 발견했다. 나는 이제 살았다, 라는 심정으로 그곳으로 달려가 주인아주머니에게 물었다.

"혹시 근처에 알베르게가 있나요?"

"한참을 더 가야 하는데…."

나를 쳐다보던 아주머니는 자기도 모르게 고개를 절레절레 흔들었다. 길을 잘못 든 게 틀림없었다. 날이 저물고 있었다. 나는 폭우를 맞으며 가만히 서 있었다. 뒤로 돌아갈 수도, 앞으로 나아갈 수도 없는 상황이었다. 마침 아주머니 집 근처로 트럭 한 대가 들어섰다. 나는 운전사에게 달려가 내가 가려던 알베르게 주소를 보여주며 그 근처 어디라도 좋으니 데려다줄 수 있겠냐고 물었다. 운전사는 물에 빠진 생쥐 꼴을 하고 있는 나를 보며 잠시 생각하다가 옆자리에 타라고 말했다. 그렇게 드라마틱한 하루 끝에 드디어 알베르게에 닿았다. 그저 잘 곳이 생겼다는 사실에 너무 감격해서 눈물이 나올 것 같았다. 하지만 이런 내 마음에 찬물을 끼얹는 소리가 들렸다.

"차를 타고 오면 순례자가 아니지."

알베르게 처마 밑에서 쉬고 있던 여자의 비아냥거림이었다. 순간 꾹 참고 있던 서러운 감정이 물밀듯 밀려왔다. 하지만 화낼 힘도 없었다. 그녀의 말이 틀린 것도 아니었다. 나는 젖은 몸과 무거운 발을 이끌고 그녀를 지나쳐 알베르게로 들어갔다. 그리고 최대한 빨리 씻고 침대에 쓰러져 하루를 마무리했다.

다음 날, 여느 순례자들처럼 아침 일찍 일어나 길을 나섰다. 그러다 자칭 까미노 전문가라는 동네 주민을 만났다.

"화살표만 따라가지 말고 저쪽 길로도 한번 가봐. 대단한 절경을 볼 수 있을 거야."

나는 '절경'이라는 단어에 마음이 끌려 (귀가 정말 얇디얇아서) 지표도 없는 길로 걸음을 옮겼다. 그의 말대로 절경은 분명 절경이었다. 하지만 모든 절경에는 그만한 대가가 있었다. 감탄의 순간도 잠시, 끝없는 오르막길 때문에 정신을 차릴 수 없었다. 내리막길은 나타날 기미조차 없었다. 나는 그렇게 오르고, 오르고, 또 오르기만 하다가 결국 길을 잃고 말았다. 힘이 드는 건 둘째 치고서라도 도대체 어느 정도를 더 가야 하는지를 알지 못해 덜컥 겁이 났다. 지나가는 사람에게 길을 물으면 계속 앞으로 가라고만 했고, 그들 말에 이끌려 걷다 보면 어느새 고속도로 한가운데에 서 있었다. 몸은 만신창이가 되었는데 다행인 건 어쨌든 알베르게에 도착했다는 것이다. 걷는 동안 마을 주민들을 얼마나 원망했는지 모른다.

작심삼일. 나는 지난 3일을 돌아보며 심각한 유혹에 빠지기 시작했다.

'열심히 일한 후에 간신히 얻은 일주일 휴가를 이렇게 힘들게 보낼 수는 없어. 기차를 타고 빌바오에 가서 남은 기간 동안 편안하게 바캉스나 즐기자!'

나약한 내면의 목소리가 끊임없이 나를 유혹했다. 결국 나는 북쪽 길 걷기를 3일 만에 포기하고 당시 종착지로 삼았던 빌바오로 향하는 기차에 몸을 실었다.

하지만 빌바오에 도착하자마자 후회가 밀려왔다. 빌바오의 어떤 것도 마음에 들지 않았다. 나 자신에 대한 실망이 모든 것에 대한 불만으로 표출되었다. 먹구름 낀 날씨까지 내 마음을 어둡게 만들었다. 문득 3일간 걸었던 길, 그 길고 길었던 까미노가 그리워졌다.

'어떻게 말도 안 되는 그런 유혹에 빠져서 여기까지 온 거야?'

양심의 목소리가 나를 질책하자 정신이 번쩍 들었다. 그때 나는 길 역시 인생과 마찬가지로 대가를 지불하지 않고 그저 무임승차로 어느 지점에 도착하면 의미도, 즐거움도 사라진다는 것을 깨달았다. 내가 내 노력으로 간 길이 아니면 아무리 빨리 목적지에 도착하더라도 남는 건 결국 허무뿐이라는 것을.

결국 나는 다음 날 눈을 뜨자마자 다시 기차를 타고 걸음을 멈추었던 곳으로 돌아갔다. 그리고 나머지 길을 최선을 다해 걸었다. 길에 돌아오니 얼마나 행복하던지, 그 어떤 것도 고생이라는 생각이 들지 않았다. 힘든 오르막길도, 사람들의 코 고는 소리도, 지친 몸이 신음하는 밤도 모두 감사하게만 느껴졌다. 그제야 나는 길을 진정으로 즐기기 시작했던 것이다. 신명나게 걸었고, 춤을 추듯 걸었다.

드디어 마지막 날, 나는 빌바오에 당당히 걸어서 입성했다. 신기하게도 분명 똑같은 곳인데 전혀 다른 곳처럼 느껴졌다. 걸어서 도착한 빌바오는 빛이 났고, 아름다운 풍광은 내 눈과 마음을 즐겁게 해주었다. 그렇게 길을 걷는 것이 얼마나 달콤한 일인지 알게 됐을 때 아쉽게도 휴가가 끝났다. 나는 다시 일상으로 복귀했다. 하지만 북쪽 길의 경험은 나로 하여금 산티아고 순례길의 종착지인 산티아고 데 콤포스텔라까지 꼭 걸어서 가보겠다는 목표를 갖게 만들었다. 그리고 그 목표가 정말 나를 까미노에 다시 데려다놓았다.

가방이 무슨 죄가 있다고

꽝!

가방이 바닥으로 곤두박질치는 소리와 함께 내 머릿속도 하얘졌다. 순식간에 일어난 일이었다. 모두의 시선이 나를 향했고 내 얼굴은 뜨겁게 달아올랐다.

나는 신기(神氣)가 있는 게 분명했다. 기차에서 봤던 환영은 바로 그날 오후 생장피드포르의 알베르게에서 실제로 일어날 일이었다. 물론 가방은 키다리 청년의 머리 위로 떨어진 것도, 혼자 몸을 비틀어 높은 곳에서 다이빙한 것도 아니었다.

누군가에 의해, 그것도 정말 고의적으로 바닥으로 내동댕이 쳐졌다.

전에 북쪽 길에서 묵었던 알베르게는 빈 침대 중 자신이 원하는 침대를 정할 수 있었다. 자신의 가방이나 옷 등 개인 소지품을 침대에 올려놓으면 이미 주인이 있는 침대라는 표시가 되어 다른 사람들이 그 침대에 손대지 않았다. 그때의 기억을 떠올리며 이번에도 일단 빈 침대에 가방을 올려놓았는데, 갑자기 고함소리가 들려왔다.

"뭐하는 짓이야?"

고함소리와 동시에 눈앞에 나타난 남자가 어설픈 영어로 "네버 백 온 더 베드(never bag on the bed. 절대 침대에 가방 올리지 마)!"라고 소리치며 내 가방을 바닥으로 내동댕이쳤다. 나는 머뭇대다 "미안해."라고 말하고는 얼굴을 붉히며 밖으로 나왔다.

아무리 생각해도 너무하다 싶었다. 아직 여행의 때가 전혀 묻지 않은 새 가방이었는데 그렇게까지 해야 했을까. 창피함과 분노의 물결이 내 속을 흔들어댔지만 바람을 좀 쐬니 그 물결들이 조금씩 가라앉는 것도 같았다. 문득 외롭다는 생각이 들었다. 앞으로 좋은 친구들을 만나게 될 거야, 라는 생각도 큰 도움이 되지 않았다. 회사를 다니며 정해진 그룹에서, 정해진 패턴으로 생활하다가 홀로 낯선 곳에 덩그러니 남겨지니 어색했다.

그래도 마음을 다잡고 다시 알베르게로 돌아왔다.

"어디 갔다 온 거야?"

소리가 나는 쪽으로 고개를 돌리자 아까 나와 함께 알베르게에 등록했던 아저씨가 웃고 있었다. 캐나다에서 온 빌 아저씨다.

그는 읽고 있던 책을 덮고 내게 말했다.

"알베르게 사무실에서 너를 기다렸는데 오지 않더라고. 그래서 혼자 나와서 책을 읽던 중이야."

그제야 짐을 풀고 다시 만나 이야기를 나누자고 했던 약속이 떠올랐다.

"미안해요. 일이 좀 있었어요."

내 말에 빌 아저씨는 장난기 어린 웃음을 지으며 말했다.

"괜찮아. 그런데 까미노 걸을 준비는 단단히 해 온 거야?"

"음… 그런 것 같아요."

그러자 빌 아저씨는 "내일은 중간에 물을 보충할 곳이 없을지도 몰라. 그러니 물을 충분히 챙겨야 해." "규칙적으로 쉬지 않으면 피레네산맥을 다 넘기도 전에 지쳐 자빠질걸." 등등 이미 이곳을 세 번이나 걸었던 선배로서의 조언을 아끼지 않았다.

그는 까미노에 대한 소설을 쓰고 있다고 했다.

"지난번에 책에 넣을 사진을 찍으러 왔다가 카메라를 도난당했어. 그래서 이번에 다시 온 거야."
그렇게 그와 이런저런 이야기를 주고받자 끝을 모르고 가라앉던 기분이 나아지기 시작했다. 그렇게 까미노의 첫 밤이 흘러갔다.

목표 없는 목적지

"굿모닝!"

순간 나는 내 귀를 의심했다.

'이 사람이 장난치는 건가?'

드디어 '걷기'를 시작하는 대망의 날, 그것도 피레네산맥을 넘어야 하는 그날 아침, 천연덕스럽게 웃으며 내게 '굿모닝'이라고 인사를 건넨 남자는 전형적인 한국인이었다. 너무나 한국적인 외모는 차치한다고 쳐도 일행들과 자연스럽게 한국어로 이야기하는 그가 외국인일 리 없었다. 배려 깊은 사람이었다면 똑같이 "굿모닝!"이라고 답한 후 조심스럽게 "저기… 한국인 아니세요?"라고 물었겠지만 나는 큰 소리로 "네! 안녕하세요!"라고 말하며 재미있다는 듯 웃었다. (나도 참

못됐다.) 순간 그 남자, 부끄러움과 민망함에 얼굴이 빨개지더니 "아, 네…." 하며 도망치듯 자리를 떴다.

그와 조금 친해진 후 물어봤다.

"왜 나를 외국인이라고 생각한 거야?"

"한국 사람이라고 하기엔 표정이 너무 밝아서."

아니, 언제부터 밝은 표정이 한국 사람들은 가질 수 없는 것이 되었을까? 갑자기 옆에 있던 빌 아저씨가 꼭 우리 말을 알아들은 사람처럼 시니컬하게 말했다.

"까미노에는 두 종류의 사람들이 오지. 인생에 문제가 많은데 어떻게 해결해야 할지 모르겠는 사람들. 아니면 자신의 인생에서 뭘 해야 할지 모르겠는 젊은이들. 어디 한번 건강을 위해 걸어볼까, 하며 밝은 얼굴로 까미노행을 결정하는 사람은 없어."

까미노의 많은 외국인 친구들은 내게 물었다.

"왜 저렇게 많은 한국 사람들, 특히 젊은이들이 이렇게 먼 곳까지 걸으러 오는 거야?"

그때마다 나는 속으로만 답했다.

'그만큼 길을 잃은 사람들이 많아서….'

물론 '길 잃은 사람들'에는 나도 포함되어 있었다. 하지만 길을 잃었다고 길을 찾을 권리까지 없는 건 아니지 않은가.
까미노에는 서른의 숱한 한국 젊은이들이 있었다. 서른이라는 나이는 묘한 마력을 가지고 있는 듯했다. 나뿐만 아니라 다른 이들에게도 인생에 대해, 미래에 대해 생각하게 만드는 마력. 장뤽의 말처럼 서른의 우리들은 '성숙'해지고 있는지도 몰랐다. 까미노에서 만난 서른 즈음의, 혹은 서른을 막 넘어선 '그와 그녀'들은 다니던 직장을 그만두고 새로운 일을 찾고 있거나 하고픈 일을 찾아내서 막 그 일을 시작하려고 하는 이들이었다. 모두가 미혼이었고 미래에 대한 지나친 환상을 갖기에는 조금 늦은, 그렇다고 완전히 체념하기에는 아직 이른 평범한 젊은이들이었다. 그들은 앞으로의 긴 삶에 있어 잠시 길을 잃었을지언정 누구보다도 자기 인생에 충실했다. 아마도 그들에게 이번 여행은 앞으로 10년 혹은 20년 아니면 은퇴하기 전에는 찾아오지 않을 긴 휴가일지도 몰랐다.
흔히 말하는 '삼성맨'이었던 한 친구는 보람된 일을 해보고 싶던 차에 특별한 제안을 받았다고 한다. 브랜드화시킨 개인 농장으로 농촌 활성화를 추진하겠다는 프로젝트로 정부 지원을 받은 한 선배가 함께 일해보지 않겠냐고 물어온 것이다. 삼성맨은 그길로

남들이 부러워하는 대기업을 때려치웠고, 본격적으로 일을
시작하기 전에 까미노에 온 케이스다.
대하기가 유달리 편해 내가 '언니'라고 불렀던 한 오빠도 외국계
유명 스포츠 브랜드 회사에 다니다가 '까미노로 떠난다.'는
후배의 페이스북 글을 보고 바로 사표를 쓴 후 일주일 만에
까미노로 달려온 사람이다.
'마중물'이라는 예명을 쓰던 또 다른 서른의 친구는 이미 대학
때 유럽 무전여행을 한 대단한 친구다. 까미노에 오고 싶어
까미노에 대한 거의 모든 책을 사서 읽었다는 그는 어렵게,
그리고 과감하게 한 달의 휴가를 내고 비행기에 몸을 실었다.
그들과 이야기를 나누다 보니 문득 자신을 차에, 그리고 인생을
길에 비유했던 또 다른 서른의 친구가 떠올랐다.
그는 술자리에서 말했다.
"저는 지금까지 살아오면서 딱 한 가지를 깨달았어요."
좌중의 시선이 그에게로 쏠렸다.
"저는 '차'이고 인생은 '길'이며 돈은 '연료'라는 거예요.
즉 연료인 돈이 있어야 저라는 차가 인생의 목적지까지 갈 수
있다는 말이에요."

그 말을 들은 나는 어안이 벙벙해졌다. 장난으로 한 말인가도 싶었지만 그렇다고 하기엔 그의 표정이 너무 진지했다. 아마 그와 정말 친한 사이였다면 이렇게 말했을 것이다.

"네 차가 똥차면 아무리 연료를 많이 넣어도 곧 고장이 나서 아무 데도 못 갈걸!"

하지만 우리는 잘 아는 사이가 아니었다. 사람들 앞에서 그에게 무안을 주기도 싫었고, 술자리 분위기나 깨는 눈치 없는 인간이 되고 싶지도 않았다. 그리고 결정적으로 그날 나는 많이 취해 있지 않았다. (나는 취하면 지나치게 솔직해지는 경향이 있다.)

나는 굳게 입을 다물고 그 자리에 앉아 있던 사람들처럼 그의 말에 관심 있는 척 기계적으로 고개를 끄덕였다.

왜 그는 자신을 차에, 연료를 돈에 비유했을까? 자신의 힘이 아닌 돈의 힘이 어딘지도 모를 목적지까지 편안하게 데려다줄 거라는 생각 때문이었을까? 그는 자신이 서 있는 '지금'의 길, '지금'의 시간이 아니라 오로지 최종 목적지만 바라보는 사람이었다.

이야기를 나눠본 바에 의하면 그는 딱히 인생 목표랄 게 없었다. 그런데 목적지는 있었다. 목표 없는 목적지라…. 나 역시 북쪽 길에서 목표를 잃은 채 목적지로 향한 적이 있다. 그리고 목적지에 다다랐을 때의 그 허무함과 실망감을 지금도 기억하고 있다. 그는 지금도 스스로를 돌아보지 않은 채 여전히 목적지로 자신을 데려다줄 연료만 모으기 위해 하루하루를 바쁘게 살아가고 있을까?

까미노의 산타 마리아

"도대체 왜 모두 나에게 와서 도움을 청하는지 모르겠어!"
내가 푸념 아닌 푸념을 하자, 1년에 한 번은 무조건 아이와 남편과 떨어져 홀로 까미노를 걷는다는 파트리시아가 말했다.
"너는 까미노의 산타 마리아(성모 마리아)야!"
프랑스 길은 도움을 필요로 하는 사람들로 넘쳐났다. 까미노를 걷기 위해 스페인으로 날아온 이들 대부분이 스페인어를 하지 못했기 때문이다. 까미노는 몇몇 대도시를 제외하면 작은 시골 마을에 걸쳐 있어서 영어가 통하지 않는 곳이 많았다.
물론 별일 없이 걷기만 한다면 문제없겠지만 짐을 잃어버리거나 신상에 문제가 생기는 등 골치 아픈 상황이 발생하면 말이 통하지 않는다는 게 큰 문제가 되었다.

나는 한국어와 영어, 프랑스어, 그리고 어설픈 스페인어를 구사한다는 이유로 까미노의 해결사(?)가 되었다. 한국 친구들은 나를 '현지인'이라 부르며 이런저런 통역을 부탁했고, 우연히 만난 수경 스님 일행도 잃어버린 짐을 찾는 데 내 도움을 청했다. 도움이 필요한 사람들은 한국 친구들뿐만이 아니었다. 프랑스 친구들도 문제가 생기면 나를 찾아왔다. 카드가 고장 나 돈을 인출하지 못하던 또래 남자애에게는 돈을 빌려주었고, 알베르게에 자리가 없어 울상을 짓던 한 순례자에게는 알베르게 아저씨를 온갖 애교로 설득해 자리를 마련해주기도 했다. 길에서 신발을 도난당한 친구를 위해서는 지나가는 순례자들을 일일이 붙잡고 혹시 이래저래 생긴 신발을 봤느냐고 물어보기까지 했다. 나는 어느새 '까미노의 천사'(내가 들어도 정말 나 같지 않은 호칭)로 불리고 있었다.

사람들은 종종 놀랍다는 눈으로 물어봤다.

"너 도대체 몇 개 국어를 하는 거야?"

"음… 우선 한국 사람이니까 한국어. 프랑스에 오래 살았으니까 프랑스어. 그리고 영어와 생활 스페인어."

"4개 국어를 한다고? 부모님이 외교관이셔?"

한국 친구들은 물론이고 미국, 캐나다 친구들 그리고 유럽 친구들까지 놀라워했다. 하지만 우리 부모님은 외교관과는 거리가 멀었다. 아빠는 이런저런 일을 하다가 죄다 잘 안 돼서 적잖은 시간을 백수로 보내셨고, 생활력 강한 엄마는 정말이지 열심히 일하셨다. 그 덕분에 지금 자리를 잡은 것이다. 어쩌면 나에게 '외국어 공부'는 그래서 불가능해 보이기만 했던 '나의 꿈'에 날개를 달아주고자 했던 스스로의 몸부림이었는지도 모른다. 다행히 외국어 공부는 시간 가는 줄 모를 정도로 재밌었다.

그렇게 프랑스 길을 걸은 지 일주일이 조금 넘었을까. 나는 까미노의 천사에서 성모 마리아로 급격히 '승격'되어 있었다. 까미노에서의 나는 내가 생각해도 참 착했는데, 파리에서의 내 모습과는 정반대의 모습이었다. 물론 어디서든 내가 도울 일이 생기면 도우려고 노력했다. 하지만 까미노에 오기 전의 나는 툭 하면 '버럭' 했고, 절대 만만한 상대로 보일 수 없다는 생각에 웬만한 일도 그냥 넘기지 않았다. 게다가 몸이 아프면서부터는 신경이 날카로워질 대로 날카로워져서 싸우는 실력만 늘어갔다. 엄마 말마따나 '쓰잘 데 없는 짓'에 힘을 빼면서 소중한 시간을 낭비하고 있었던 것이다.

하지만 사는 데에 꼭 필요한 짐만 지고 걸으면서 (북쪽 길을 교훈 삼아 짐의 무게를 최소화했다.) 최소한의 걱정만 하다 보니 (예를 들어 '오늘 저녁은 어디서 잘 것인가?' '점심으로는 뭘 먹을까?' 등등.) 내가 왜 그렇게 별일도 아닌 일들에 화를 내며 살았나 싶었다.

어쨌든 좋아서 시작한 외국어 공부가 까미노에 와서 완벽하게 빛을 발하고 있었다. 역시 공부는 평생 남는 장사였다. 게다가 사람들에게 칭찬까지 들으니 나도 모르게 내 마음이 긍정적으로 바뀌었다. 남을 돕는 줄만 알았는데 따지고 보면 그들이 오히려 내게 심적인 여유와 안정을 주었던 것이다. 게다가 해외에서는 금가루보다도 더 귀하다는 말린 오징어를 선물로 받고 밥이나 맥주를 사주는 친구들도 적지 않았다.

뭘 바라고 한 일은 아니었는데 결과적으로는 남는
사람 장사(?)를 한 셈이었다.

그녀와의 운명적인 만남

"저 멀리 네가 보이더라고. 그래서 너를 너무 보고 싶어 한 내 마음이 너라는 환영을 만들어낸 줄 알았어."

진심이 잔뜩 담긴 이런 멋진 말을 남자에게 들었다면 아마도 나는 그와 진한 사랑에 빠졌을 것이다. 하지만 안타깝게도, 그리고 정말 다행히도 (여행 초반에 불같은 사랑을 했다면 거기서 여행이 '쫑'났을지도 모르니까!) 이 말을 한 사람은 여자였다. 그것도 너무 가냘파서 언제든 바람에 날아갈 것만 같은 허수아비 같은 여자, 제시카.

"정말? 나도 똑같은 생각을 하고 있었는데!"

나의 이 답변 역시 결코 립서비스가 아니었다. 정말 저 멀리 그녀의 실루엣이 보였고 그 순간 너무나 간절히 '제발 그녀였으면 좋겠다.'라고 혼잣말을 하면서도 그녀가 아니면 실망할까 봐 '에이, 아닐 거야.'를 반복하고 있는 중이었다.
그녀가 나타나면 거짓말처럼 갑자기 주변이 환해졌다. 실제로 음침했던 하늘에 햇살이 고개를 내밀었고 신기하게도 그 넓고 긴 길 위에 둘만 남았다. 내가 이런 말을 그녀에게 했더니 "사람들은 항상 무언가를 패턴화시키는 경향이 있어."라고 답해서 두 번 다시 비슷한 말을 입 밖으로 꺼내지는 않았지만 나에게는 그녀를 만나는 순간이 그야말로 마법 같은 순간이었다.
그녀는 길에서 주운 나무로 만든 지팡이로 마르다 못해 앙상한 몸을 지탱하며 걸었다. 특이한 건 그녀의 무릎에 늘 붕대가 감겨 있었다는 것이다. 그녀의 뒷모습은 그저 바라보기에도 애처로웠다. 그래서 지나가는 사람마다 그녀에게 어디 다친 데는 없는지 물었다. 처음에는 나도 그녀의 뒷모습을 보며 '재는 오래 걷기 틀렸네.'라고 생각했다. 그런 그녀와 몇 번 인사만 하고 지나치다 며칠 내내 마주치게 되자 내가 먼저 말을 걸었다.
"너 괜찮아?"
"어. 사실 멀쩡한데 지나가는 사람들마다 다 괜찮은지 물어보네.

이 무릎의 붕대가 한몫을 톡톡히 하는 것 같아."
그녀는 무릎에 감겨 있는 붕대를 가리키며 윙크했고, 이내 천진난만하게 웃어댔다. 나는 그런 그녀를 단번에 좋아하게 되었다. 오랫동안 빗장을 걸어둔 마음의 문이 마치 센서를 장착한 자동문처럼 누가 다가옴과 동시에 활짝 열리는 걸 느낀 건 정말 오랜만의 일이었다. 몇 마디 나누다 말 것 같았던 그녀와의 대화는 시간이 지나도 끊이지 않았다. 그렇게 그녀와 걷다 보니 갈림길이 나타났다. 그녀와 더 이야기를 나누고 싶던 내가 물었다.
"어느 쪽으로 갈 거야?"
그녀는 대부분의 사람들이 가지 않는 길을 택했다. 나는 주저하지 않고 그녀를 따라나섰다. 더 돌아가는 길이라 해도 상관없었다. 그 길은 정말 한산했다. 덕분에 우리는 누구의 방해도 받지 않고 대화를 나눴다. 지금에 와서 생각해 보면 그녀가 그 길을 택한 건 결코 우연이 아니었다. 그 길은 프로스트의 〈가지 않은 길〉이라는 시처럼 그녀 자신의 인생을 상징하고 있었다.
서른 중반의 그녀는 철학을 공부하다 동양 철학에 빠져 인도를 수차례 여행했고, 그곳에서 1년 가까이 살았으며, 2년 전부터는 중남미와 아시아 지역을 거쳐 유럽까지 여행하는 중이었다. 장난감 가게 점원으로도 오랫동안 일했다고 한다. 그녀와 대화를 나누면 나눌수록 연약해 보이던 외면과 달리 누구보다도 강하고 자유로운 영혼의 소유자라는 게 느껴졌다. 그녀는 자신의 나무 지팡이에 '닉'이라는 이름을 붙여주고 친구처럼 불렀다.

"그럼 나는 내 지팡이를 뭐라고 부르면 좋을까?"

나는 내 스틱과 그녀의 지팡이를 번갈아 쳐다보며 물었다.

"글쎄, 네 셔츠도 파랑색이고 스틱도 파랑색이니 블루라고 부르는 건 어때?"

그렇게 졸지에 내 스틱도 이름을 갖게 되었다. 그리고 길 위의 모든 사람들처럼 우리는 '안녕!' 하며 헤어졌다.

다음에 그녀를 봤을 때는 그녀의 손에 상처가 나 있었다.

"어디서 다쳤어?"

"닉이 자신의 이름에 걸맞게 나를 닉(nick. 자국을 내다, 혹은 칼로 베다, 라는 뜻.) 했어."

그녀는 지팡이에 긁힌 손등을 보여주며 킥킥거렸다. 세 번째 만났을 때 그녀는 슬픈 표정으로 말했다.

"얼마 전에 바에서 닉을 잃어버렸어."

그러면서 그녀는 길에서 새로 발견한 나뭇가지를 보여주었다.

"닉에 대한 오마주로 닉 주니어라는 이름을 붙였어."

그녀는 내가 걸으면서 만났던 수많은 순례자들 중 자신의 지팡이에 이름을 붙여준 유일한 사람이었다. 그만큼 그녀는 순수했다. 그녀는 함께 걸을 때 늘 즉석 게임을 지어내기도 했다.

"영원! (그녀는 나의 본명인 형원 대신에 'Young one'이란 애칭으로 나를 불렀다.) 우리 알파벳 순으로 나라 이름 대기 놀이 하자."

나도 일로든 개인적으로든 적지 않은 곳을 다녔고 누구보다 많은 나라를 안다고 자신했기에 그 정도는 누워서 떡 먹기라고 생각했다. 하지만 나의 이런 자신감은 게임을 시작하자마자 와르르 무너졌다. 알파벳 A로 시작되는 나라 이름을 대기 시작하면서부터 막히기 시작했던 것이다.

"앙골라… 오스트레일리아… 음…."

급기야 그녀가 힌트를 주기 시작했다.

"남미를 생각해봐."

"아! 아르헨티나!"

겨우 서너 나라 이름을 대고 헉헉대는 나와 달리 그녀는 나라 이름을 줄줄 대기 시작했다. 또 한번은 '역사 속 인물 중 세 사람을 저녁에 초대할 수 있다면 누구를 부를 것인가?'라는 주제로 시간 가는 줄 모르고 이야기를 나누기도 했다. 그녀가 고른 인물은 예수님과 부처님, 그리고 알라신이었다.

그녀를 알고 난 후 나는 외롭고 힘든 순간이 올 때마다 그녀가 나타나기를 간절히 바랐다. 며칠간 그녀를 만나지 못하면 다른 순례자들에게 그녀를 봤느냐고 물을 정도였다.

길 위에서 헤어졌다가 다시 길 위에서 만난 우리는 무척 반가워했고, 시간 가는 줄 모르게 대화를 나눴으며, 가끔은 요리도 함께 해 먹었다. 하지만 둘 다 철저히 혼자 걷는다는 원칙은 고수했다. 우리 둘 중 그 누구도 우정이란 이름으로 상대를 구속하려들지 않았다. 설령 우연히 길에서 마주쳐 그날 같은 알베르게에 간다고 해도 우리는 다음 날 결코 함께 길에 오르지 않았다.

그녀는 누구보다 일찍 일어났고, 떠나기 전에 조용히 내 침대로 와서 "나 먼저 갈게. 어차피 네가 나를 곧 따라잡을 테니."라고 말했다. 나 역시 한 번도 그녀에게 같이 가자고 말하지 않았다.

산티아고로 가는 길은 한 방향이었기 때문에 언젠가 다시 마주칠 거라고 생각했다.
하지만 그렇게 천진난만한 그녀도 가끔은 이유 없이 표정이 굳어지며 전혀 다른 사람이 되었다. 순식간에 그녀만의 세상으로 들어가버린 것 같았다. 누구보다도 즐겁게, 자유롭게 살아가는 그녀였지만 그럴 때면 그 누구보다도 외롭고 힘들어 보였다.
그런 모습을 보고 있으면 내가 그녀를 방해하고 있는 건 아닐까, 라는 생각도 들었다.
어느 날 그녀는 자신이 믿고 있는 인도 여신 '타라'의 초상화를 꺼내며 말했다.
"이 여신은 능동적 연민을 상징하고 있어."
"능동적 연민?"
처음 듣는 표현이었다. 하지만 이상하게 그 뜻을 알 것도 같았다.
"어느 날 연민의 신이 세상의 슬픔과 고통을 보며 울자
타라 신이 그 눈물에서 나와 그를 위로하며 이렇게 말했어.
울지 마요. 내가 당신이 더 이상 울지 않게 도와줄게요. 그리고
그렇게 그녀는 능동적 연민을 상징하는 여신이 된 거야."
나는 그저 처음 듣는 이야기가 신기할 뿐이었다. 그녀가 말을

이었다.

“나는 진정한 연민이란 수동적인 연민이 아닌 능동적인 연민이어야 한다고 생각해.”

왜 그녀는 능동적 연민에 마음이 끌렸을까? 가끔씩 달라지는 그녀의 표정은 무엇을 뜻하는 걸까? 그녀를 알아가면 알아갈수록 나는 그녀가 큰 비밀을 껴안고 있다는 느낌을 받았다.

고슴도치 상처 껴안기

결국 그 순간이 찾아오고야 말았다. 얼마 후 길에서 또다시 그녀를 만났다. 그녀는 특유의 장난기 어린 표정으로 한 손에 들고 있던 비닐봉지를 쑥 내밀며 말했다.

“오늘 나랑 같은 알베르게에 가면 저녁 식사에 초대할게. 오늘의 메뉴는 토마토 스파게티야.”

원래 그날의 목표는 조금 더 걷는 거였지만 그녀를 다시 만난 게 너무 행복했고, 그녀 표 토마토 스파게티(그녀는 채식주의자였기 때문에 거의 직접 요리를 해 먹었다.)가 궁금해서 나는 기쁜 마음으로 그녀의 초대에 응했다.

우리가 함께 간 알베르게는 입구에 당나귀가 묶여 있고, 마치 몽골을 연상시키는 텐트들이 뜰에 펼쳐져 있는 정말 특이한 알베르게였다. 가이드북은 매일 걸어야 하는 거리와 그 거리 끝에 있는 알베르게를 소개해놓는데, 대부분의 사람들은 그 인위적인 순서에서 벗어나지 않았다. 이곳은 그 순서에서 벗어난 곳이어서 숙박객은 우리를 포함해 다섯 명밖에 되지 않았다. 숙소 바로 옆에는 히피 스타일의 바도 있었다. 잠시 까미노를 빠져나와 또 다른 세상에 들어온 것 같았다.

그녀의 토마토 스파게티는 들어간 재료가 별로 없는데도 끝내주게 맛있었다. 내가 히피 바에서 공수해 온 레드 와인 한 잔을 나눠 마시며 우리는 평소처럼 시간 가는 줄 모르고 이런저런 이야기를 나눴다. 그렇게 즐거운 시간을 보내고 있는데 갑자기 그녀가 주위를 둘러보며 조심스럽게 말했다.

"너한테 조용히 할 이야기가 있어."

나는 드디어 올 것이 왔구나, 라고 생각했다. 그녀에게 무언가가 있다는 것은 얼마 전부터 눈치채고 있었다. 그 무언가가 보통 사람들은 상상하기 힘든 그런 종류의 것이라는 것도. 그녀와의 대화 중간중간에 생기곤 했던 쉼표와 공백으로 (가끔은 말을 하지 않는 게 더 많은 걸 이야기한다.) 그 무언가에 대해 직감하고 있었던 것이다.

하지만 막상 그 무언가의 실체를 알게 될 시간이 다가오자 덜컥 겁이 났다. 고슴도치처럼 살아온 나 같은 사람이 그 '상처'(그래, 그 무언가가 상처일 거라 생각했다.)를 감싸줄 수 있을까, 걱정이 됐던 것이다. 내 안의 탄탄한 방어벽이 그녀의 한마디로 와르르 무너질까 봐 무서웠다.

그녀는 자신의 이야기를 모국어가 아닌 프랑스어로 이야기하겠다고 말했다. (그녀는 캐나다에서 프랑스 고등학교를 나왔다.) 나는 고개를 끄덕이며 힘든 고백은 외국어로 말하는 게 더 쉬울 수도 있겠다고 생각했다.

"깡 제때 앙팡, 몽 빠빠 마 비올레(quand j'étais enfant, mon papa m'a violée. 내가 어렸을 때 아빠가 나를 강간했어)."

그녀의 말을 듣는 순간 내 가슴은 미친 듯이 뛰기 시작했다. 그리고 걷잡을 수 없이 눈물이 나기 시작했다. 슬픔과 아픔, 막막함, 그리고 연민이 몰려왔다. 도무지 어떻게 위로를 해줘야 할지 모르는 상처들이 있다. 특히 이렇게 상상조차 하기 힘든, 아니 상상조차 하고 싶지 않은 상처는 도대체 어떻게 위로해야 할까. 어쩌면 위로의 한마디보다 가만히 안아주는 게 상대를 위한 행동일지도 모른다. 하지만 나는 그 자리에서 얼어버리고 말았다. 아픈 마음과 무언가를 해야 한다는 머리 사이에서 몸이 그대로 굳어버린 것이다. 그녀도 나의 조용한 반응에 당황한 것 같았다. 한동안 정적이 흘렀다.

그렇게 얼마쯤 지났을까. 갑자기 정신이 들었다.

'아니, 도대체 내가 지금 뭘 하고 있는 거지? 어떻게 이런 끔찍한 고백 앞에서 아무것도 하지 않고 이렇게 앉아만 있을 수가 있어?'

그런데도 나는 아무것도 할 수 없었다. 내 마음을 읽었는지 그녀가 조용하게 이야기를 시작했다.

그녀의 부모는 그녀가 어릴 때 이혼했다. 그녀는 다섯 살 때부터 아빠를 만나러 갈 때마다 강간당했다. 그녀는 어리고 나약한 나이에도 엄마가 상처를 받을까 봐 이 사실을 말하지 않았다. 그렇게 잔인하고 극악무도한 일은 그녀가 클 때까지 지속되었다.

"엄마가 생일에 뭘 사줄까, 라고 물어볼 때마다 코르셋이라고 말했어. 어린 마음에 코르셋을 입고 있으면 아빠가 나를 건들지 못할 거라고 생각했거든. 엄마는 내가 당하고 있는 일을 모르니까 생일마다 하얀 레이스가 달린 코르셋을 선물해줬어. 내가 코르셋을 정말 좋아한다고 생각하셨지."

그녀의 이야기에 가슴이 미어졌다. 실제로 심장이 조여드는 것 같았다. 나는 마음을 다잡고 천천히 그녀에게 말했다.

"나는 진심으로 네가 이런 끔찍한 일을 겪지 않고 평범한 인생을 살았다면 얼마나 좋았을까, 라고 생각해. 네가 다시 태어난대도 이런 일은 절대 없었으면 해."

"고마워."

"네가 스스로 그 상처를 외면하지 않고 극복하기 위해 끊임없이 노력했다는 게 정말 대단하다고 생각해."

그녀는 고통을 해소하기 위해 인도 및 캐나다의 수많은 명상 센터에서 명상을 해왔고, 전 세계를 여행하며 스스로를 치유하고자 노력했다. 얼마 전에는 용기를 내 엄마에게 끔찍했던 과거를 고백했고, 계속해서 이 사실을 부정하는 아빠를 상대로 소송을 시작했다. 그리고 자신과 비슷한 처지의 여성들을 돕는 단체에서 일하려고 준비 중이었다.

"나는 나와 같은 일을 겪었던 사람들을 위해 능동적 연민을 실천하고 싶어."

그날 나는 왜 그녀를 온전히 안아주지 못했을까. 그날 이후 어딘가에서 늘 마법처럼 나타나던 그녀가 모습을 드러내지 않았다. 당연히 곧 또 보겠지, 라고 생각해서 연락처도 주고받기 전이었다. 어쩌면 그녀를 다시는 못 볼지도 모른다고 생각하니 가슴이 아파왔다.

아킬레스건을 다치다

"악!"

새벽 3시의 고요한 알베르게에서 나도 모르게 비명을 지르며 일어났다. 가위에 눌린 것도 악몽을 꾼 것도 아니었다. 마치 오른발 아킬레스건을 누군가가 톱으로 잘라내는 것 같아서였다. 잠에서 깬 나는 눈물까지 흘리고 있었다. 어둠 속에서 더듬대며 가방을 뒤져 비상용 진통제를 찾아 먹고 기도했다.

'제발 이 고통이 빨리 지나가게 해주세요!'

살면서 이토록 간절하게 기도한 적이 있을까. 하지만 한 시간이 지나도 아픔이 가시질 않았다. 사람들이 자고 있어서 신음 소리조차 낼 수 없었다. 그때껏 춤추듯 신나게 걷던 나에게 갑작스레 찾아온 시련이었다.

'이 시련은 예고도 없이 어느 날 갑자기 찾아온 게 결코 아닐 거야!'

나는 산티아고로 가는 길 중에서도 손에 꼽히는 대도시인 부르고스에 빨리 들어가고 싶어 평평하지 않은 길을 발에 프로펠러라도 단 것처럼 마구잡이로 걸었다. 그러다 어느 순간 오른발 힘줄이 당기듯 아프다는 느낌을 받았다. 그때는 그러다 말겠지 생각했다. 많이 걸었으니 아픈 게 당연하다고도 생각했다. 그렇게 한 이틀쯤 지났을까. 정말 몸이 땅으로 꺼지는 느낌이 들었다. 그날은 너무 지쳐서 마을을 빠져나가다 말고 다시 되돌아가 예정에 없던 알베르게에 묵었다. 그렇게 죽은 듯 자고 난 다음 날도 정신을 차리지 못하고 엄청난 속도로 12킬로미터 가까이 걸었다. 그리고 얼마 지나지 않아 결국 이 사달이 났다.

나는 북쪽 길의 실패를 경험 삼아 이번 여행을 시작하기 전 보름 동안 걷는 연습을 했고, 그 덕분에 남들보다 더 잘 걸었다. (게다가 북쪽 길보다 프랑스 길이 훨씬 완만했다.) 남들처럼 물집 때문에 고생하거나 몸살 때문에 약을 먹지도 않았다.

"너는 딱 걷는 게 체질인가 봐!"

알베르게에서 만난 여행자들이 이렇게 말할 때마다 나는 우쭐대며 답했다.

"다 멘탈이 문제야! 멘탈이 약하니까 몸이 무거워지는 거라고!"

나는 걷는 것은 물론 나의 몸 상태에 대해서도 자만했다. 결국 이 자만이 내 발목을 잡은 것이다.

나는 까미노 한가운데에 있었다. 산티아고까지 가야 했다. 그러니 걸어야만 했다.

해가 뜨자마자 힘겹게 자리를 털고 일어나 알베르게를 나섰다. 아픈 다리를 끌고 걷다가 쉬다가를 반복하며 앞으로 나아갔다. 설상가상으로 내가 앞으로 걸어야 할 길은 황량한 평지로 악명 높은 메세타였다. 평지를 걷는 게 훨씬 쉬울 것 같지만 그건 경험해보지 않은 사람들이 하는 이야기다. 30도가 넘는 뙤약볕 아래에서 언제 끝날지도 모르는 길을 걷는다는 건 그야말로 고역이었다. 끝을 헤아릴 수 없는 평야가 주는 막막함은 겪어보지 않은 사람들은 모른다.

나는 금세 모든 의욕을 상실했다. 죽어라 걸어도 계속 그 자리에 멈춰 서 있는 것 같았다. 메세타는 나를 포함한 많은 이들에게 시험의 장소였다. 실제로 걷는 걸 포기하고 버스로 이곳을 건너뛴 이들도 적지 않았다. 결국 나는 계획했던 일정을 다 채우지 못하고 또 예정에 없던 알베르게에서 하루를 마감했다.

다음 날에도 사정은 나아지지 않았다. 아픈 발은 퉁퉁 부어 올랐다. 조심스럽게 발을 옮기며 거의 기어가다시피 앞으로 나아갔다. 지나가는 사람들 모두가 내게 괜찮냐고 물었다. 처음에는 오케이 사인을 보내다가 나중에는 나도 모르게 신경질 섞인 말투로 "괜찮으니 그냥 가세요!"라고 말했다. 그들의 호의는 고마웠지만 괜찮다고 말하는 것조차 힘들었다. 그러니 그냥 못 본 척 지나가줬으면 했다. 불행인지 다행인지 알베르게에서 만났던 사람들은 한 명도 보이지 않았다. (비슷한 시기에 까미노를 걷기 시작한 사람들은 대개 비슷한 거리를 걷기 때문에 같은 알베르게에서 자주 마주친다.) 정말 길 위에서 완벽하게 혼자가 된 기분이었다.
다음 도시에 도착하기까지 평소보다 훨씬 많은 시간이 걸렸다. 나는 그곳에 들어서자마자 호스텔을 찾아 들어가 족욕을 한 후 그대로 뻗어버렸다. 하지만 다친 아킬레스건은 조금도 나아지지 않았다. 약도 사 먹어봤지만 허사였다. 궁여지책으로 독일에서 유학 중인 동생과 가까운 친구들에게 연락해 조언을 구했다.
"당연히 발이 나아질 때까지 걷지 말아야지! 절대 움직이지 마!"
너무나 당연한 말이었다. 계속 걷다가는 여행을 중단해야 할지도 몰랐다. 결국 나는 여행 후 처음으로 스스로를 호스텔에 격리한 채 어디에도 가지 않았다. 그런데 그 상황이 그렇게 이상할 수가 없었다. 늘 새벽 6시에 일어나 종일 걷던 패턴에서 벗어나 아침 9시가 넘도록 늦잠을 자고 있는 게 너무 비현실적으로 느껴졌던 것이다. 그런데 또 이런 생각도 들었다.
'까미노를 걸은 지 얼마나 됐다고 그새 길 위의 패턴이 익숙해졌을까?'
나는 하루 종일 하릴없이 이런저런 생각에 빠져들었다. 그러다 내가 그동안 얼마나 내 발한테 못할 짓을 했는지 깨달았다. 나를 걷게 하는 건 발이었다. 그런데 나는 내 의지로만 걷고 있다고 생각했다. 게다가 의지로 되지 않는 일은 없다고까지 생각했다. 그러니 발의 노고를 걱정할 이유가 없었다. 내가 몸을 돌보지 않아도 몸이 나를 버리지 않을 것이라는 착각이 부른 실수였다. 우리 몸은 늘 먼저 신호를 보낸다. 자기를 좀 돌봐달라고, 관심이 필요하다고. 그런데도 우리가 그 신호를 무시하고 계속 몸을 몰아붙이면 몸은 탈이 나고야 만다.

여행 후 처음으로 발을 들여다보았다. 아킬레스건 주위는 물론이고 처음으로 생긴 물집이 터질 듯 부어올라 있었다. 하루에 10시간 가까이 등산화 속에서 제대로 숨 한 번 쉬지 못하고 계속해서 걷기만 한 발은 정말 지쳐 보였다. 나는 욕조에 물을 받아 족욕을 했다. 그리고 처음으로 발에 크림을 발라 마사지하며 "고마워!" "미안해!"를 반복해서 말했다. 그동안 물집 한 번 생긴 적 없이 여기까지 와준 발이 고마웠고, 그런 발을 한 번도 돌봐주지 않아 미안했다.

이틀 후, 다행히 부은 발이 어느 정도 가라앉았다. 이제 걸을 수 있을 것 같았다. 호스텔을 나서기 전 나는 내 발과 약속했다.

"앞으로 네가 다 나을 때까지는 절대로 무리해서 걷지 않을게. 적어도 한 시간에 한 번씩은 무조건 쉴게. 그러니 얼른 다 나아줘!"

이틀을 쉰 까닭에 내가 아는 얼굴들은 더 이상 보이지 않았다. 이틀이면 평균 40킬로미터에서 50킬로미터의 차이가 생긴다. 차로는 한 시간이면 갈 수 있는 거리지만 인생의 축소판과도 같은 까미노에서는 몇 년을 앞선 것이나 마찬가지였다. 그러니 회복 단계에 들어선 발로 앞선 이들을 따라잡는 건 애당초 불가능한 일이었다. 좋으나 싫으나 철저히 혼자가 되었다. 프랑스어 표현에 '라 트라베르세 뒤 데제르(la traversée du désert)'라는 말이 있다. 사막 횡단이라는 뜻으로, 누군가 홀로 시련을 이겨내는 상황을 상징적으로 표현한 말이다. 오전 10시만 넘어도 저절로 땀이 날 정도로 더운 이 여름에 나무 한 그루 없는 광활한 메세타에 홀로 남겨진 나는 아직 다 낫지 않은 발을 조심스레 끌고 가면서 온몸과 마음으로 이 표현을 실감했다.

까미노의 거북이들

아킬레스건 통증으로 울면서 깨어난 날, 그리고 도저히 움직일 것 같지 않던 다리를 끌면서 까미노를 걷던 날, 마리아를 처음 만났다. 그때 그녀 역시 다리를 절고 있었다. 까미노에는 무릎이나 발목을 다쳐서 절뚝이는 사람들이 많다. 나는 그녀도 그중 하나일 거라 생각했고 지나가는 말로 괜찮냐고 물었다.

"괜찮아. 여기서 다친 게 아니야."

그때는 나도 상태가 좋지 않았기 때문에 그녀와 더 이상의 대화는 나누지 않았다. 그 후 마리아를 세 번 정도 더 만났다. 까미노를 걷는 사람들은 보통 하루에 20킬로미터 이상을 걷는다. 그런데 마리아는 하루에 10킬로미터도 걷지 않았다. 그런데도 저녁이 되어야 겨우 알베르게에 도착했다. 나는 나도 아파서 절절매면서 그녀를 이해하지 못했다. 저렇게 걷다가 쉬고 걷다가 쉬고 하면서 언제 산티아고까지 갈 수 있을까 싶었다. 그런 내 마음을 아는지 모르는지 길에서 만난 그녀는 늘 나를 반기며 물었다.

"오늘은 어느 알베르게에서 잘 거야?"

나는 그때마다 염두에 두었던 알베르게 이름을 댔다. 하지만 그녀는 내가 묵는 알베르게까지 오지 못했다. 설령 오더라도 너무 늦게 와서 빈자리가 없었다. 그러다 부르고스에 있는 대규모 알베르게에서 그녀를 만났다. 우리는 눈이 마주치자마자 '엇!' 하고 소리를 질렀다. 수백 명이 묵는 곳이었다. 그런데 바로 내 침대 옆자리가 그녀의 자리라니! 이런 게 인연이구나 싶었다. 우리는 알베르게에서 만난 다른 친구들과 함께 부르고스 시내 구경에 나섰다. 그리고 멋진 레스토랑에서 배를 채우며 이야기를 나누었다. 누군가의 이야기에 배꼽을 잡고 있는데, 갑자기 마리아가 머뭇대며 말을 꺼냈다.

"이런 말을 여기서 해도 되는지 모르겠는데… 나에게는 너무 의미 있는 날이라 축하해줬으면 해…. 어제가 내가 사고 난 지 6년째 되는 날이었어."

"사고라고?"

"응."

콜롬비아 출신의 건축가인 마리아는 6년 전 공사 현장에서 추락해 오른쪽 다리를 심하게 다쳤다. 의사들은 그녀가 다시 걸을 수 없을 거라고 말했다.

"정말 다시는 못 걸을 줄 알았어. 하지만 3년 동안의 힘든 재활 치료 끝에 기적적으로 조금씩 다시 걸을 수 있게 되었지. 여전히 절뚝거리기는 하지만. 나는 내가 다시 걸을 수 있게 된다면 이 길을 꼭 완주하겠다고 결심했어. 그 불가능해 보였던 꿈을 이렇게 이룰 수 있게 되어서 얼마나 행복한지 몰라. 이 감격을 너희와 함께 나누고 싶어."

그녀의 이야기에 나와 일행들은 숙연해졌다. 그녀가 계속해서 말을 이었다.

"어제 걷고 있는데 사고가 난 지 6년째 되는 날이라는 게 떠올랐어. 그동안 힘겨웠던 시간들이 생각나서, 그리고 이렇게 다시 걸을 수 있게 되었다는 게 한없이 고마워서 길에서 한참 동안 울었어."

나는 너무나 부끄러웠다. 전날 마리아를 만났을 때도 그녀는 내게 어디까지 가느냐고 물었다. 나는 또 성의 없이 대답했고, 그녀는 내가 가는 곳까지 가기는 힘들 것 같다고 말했다. 나는 "다음에 또 볼 수 있겠지."라며 그녀를 그냥 지나쳤다. 그녀는 한 걸음 한 걸음을 자신만의 리듬으로 감사하며 걸었을 텐데 나는 그녀를 게으르다고 판단하며 친구가 될 생각을 하지 못했다.

그때 그녀와 함께 있었다면 얼마나 좋았을까. 어차피 회복이 덜 된 발로는 그녀보다 훨씬 더 멀리 가지도 못할 거였다. 그러느니 차라리 그 길에 멈춰 서서 그녀와 축하 파티라도 했더라면 좋았을 것을….

나는 알베르게로 돌아오는 내내 생각했다.

'하늘에 있는 누군가가 나에게 어떤 교훈을 주려고 마리아를 몇 번이나 길에서 만나게 했을 거야. 그래도 내가 깨닫지 못하니까 오늘은 기어이 내 침대 옆에 그녀를 머무르게 한 거고.'

까미노는 정말 이상했다. 누군가를 만나서 무언가를 뉘우치거나 진정으로 깨달으면 그 인연은 거기서 멈추었다. 마리아 역시 제시카처럼 그날 이후 길에서 만나지 못했다. 대신 프랑스 길 초입에서 만났던 스즈키를 다시 만났다.

40대 후반에서 50대 중반으로 보이는 그녀는 까미노를 걷기 시작할 때부터 무척 힘겨워 보였다. 해서 비슷한 시기에 까미노에 온 많은 사람들 사이에서 그녀의 알베르게 도착 여부가 관심사가 되었다. 나를 포함한 대다수의 사람들은 그녀가 산티아고까지 갈 수 없을 거라고 생각했다. 하지만 그녀는 사람들의 예상을 보란 듯 뒤집으며 늘 해가 지기 전에 알베르게에 도착했다.
늘 기우뚱하게 걷는 그녀를 보며 처음에는 다리에 문제가 있는 줄 알았다. 그런데 그녀를 몇 번 만나면서 그녀의 한쪽 눈이 보이지 않는다는 걸 알게 되었다. 그러니 보통 사람들 눈에 쉽게 띄는 노란 화살표들을 찾는 데 그녀는 늘 애를 먹었을 것이다. 내 걸음은 그녀보다 빨랐고, 당연히 우리는 길에서 만나지 못했다. 그런데 내 걸음이 느려지면서 다시 그녀를 만나게 된 것이다.
이번에는 그녀를 그냥 지나치지 않고 함께 걸었다. 그리고 같은 알베르게에 머물며 저녁도 함께 해 먹었다. 그녀는 이란, 터키, 남미, 유럽 등 세계를 여행하는 중이었고, 그 루트 중 하나가 까미노라고 말했다. 또다시 부끄러워졌다. 나는 그녀가 산티아고까지 갈 수 없을 거라고 생각했는데 그녀에게 있어 신체적 장애는 아무런 문제가 되지 않았다.
마리아와 스즈키. 그들은 모두 자신만의 리듬으로 걷는 사람들이었다. 그리고 그 리듬대로 삶을 살아가는 사람들이었다.
나는 나의 리듬을 무시하고 무조건 앞으로만 나아가려다 결국 아킬레스건을 다쳤다. 인생으로 치환해보면 나를 돌아보지 않은 채 앞으로만 나아가다 '육체적 정신적 탈진 상태'에 이른 것이다.
나는 까미노의 거북이들에게 까미노뿐만 아니라 인생길 역시 스스로의 리듬에 맞추어 걸어야 한다는 걸 배웠다. 늘 "느리지만 확실히!"라고 외치던 까미노의 또 다른 거북이 제시카의 말이 무엇을 의미하는지 그제야 어렴풋이 알 것 같았다.
어느새 산티아고가 가까워지고 있었다.

이야기를 하는 사람

이제 산티아고까지 100킬로미터 남았다. 총 800킬로미터의 여정이 끝나가고 있었다.

산티아고 순례길 완주 증명서는 앞으로 내가 지나갈 100킬로미터만 걸어도 받을 수 있다. 때문에 많은 사람들이 이곳에서 여정을 시작했다. 어떤 이들에게는 증명서가 한낱 종잇조각에 불과하겠지만 어떤 이들에게는 트로피처럼 집 어딘가에 진열해야 할 전리품이었다. 소문에 의하면 스페인에서 이 완주 증명서가 아르바이트 및 취업에 유용하게 사용된다고 하니 스펙 쌓기가 비단 우리만의 이야기는 아닌 모양이다.

나는 얼마 남지 않은 길을 음미하며 조용히 걷고 싶었다. 하지만 이곳은 이제 막 까미노를 걷기 시작해 기운이 팔팔한 사람들로 인산인해였다. 사람이 너무 많아서 교통 정체를 연상시켰던 프랑스 길 초입 같았다.

“안녕! 이제 길이 얼마 남지 않았네?”

사람들 사이에서 정신없이 걷고 있는데 어제 알베르게에서 눈인사를 했던 아저씨가 말을 걸었다.

“그러게요. 마음을 좀 정리하고 싶었는데 그러기에 여긴 정말 사람들이 많네요. 근데 어느 도시에서 오셨어요?”

그가 스페인 사람이라는 건 알고 있었다. 그래서 사는 곳을 물어본 건데 깜짝 놀랄 대답이 들려왔다.

“산티아고.”

“산티아고요? 지금 우리 모두가 가려고 하는 그 산티아고요?”

그는 이제 막 까미노에 들어선 사람이 아니었다. 나와 비슷한 곳에서 시작해 이곳까지 걸어온 사람이었다. 나는 터지려는 웃음을 꾹 참고 물었다.

“아니, 자기가 사는 곳에 가려고 한 달 이상을 걷고 있는 거예요?”

그는 그게 뭐 대수냐는 듯 어깨를 으쓱했다. 나는 그의 말이 여전히 믿기지 않아 중얼대듯 말했다.

"단지 집에 가려고…?"

하지만 다시 생각해보니 산티아고에 사는 사람이라고 까미노를 걷지 말라는 법도 없었다. 실제로 까미노에는 스페인 각지에서 온 본토 순례자도 꽤 많았다. 그중에 산티아고에 사는 사람도 있지 않겠는가.

"매일 걸어서 산티아고에 도착하는 순례자들을 수도 없이 봐왔어. 그러다 보니 나도 모르게 이 길을 걷고 싶다는 생각이 들었지. 그러다 어느 날 덜컥 길을 나서게 된 거야."

나는 고개를 끄덕이며 그의 이름을 물었다.

"비엔베니도(Bienvenido)."

스페인어로 '환영한다.'는 뜻이었다. 나는 "환영해줘서 고마워요."라고 말하며 이름을 다시 물었다.

"비엔베니도!"

이번에는 웃음을 참지 않고 터뜨려버렸다.

"설마 이름이 '환영한다.'는 아니죠?"

"환영한다, 이게 내 이름 맞아."

나는 믿지 못하겠다는 표정으로 "정말요?"를 반복했다. 다행히 그는 기분 나빠하지 않고 이름에 얽힌 사연을 말해주었다.

"부모님이 아들을 원하셨는데 계속 딸만 나온 거야. 그런데 아들 낳기를 포기할 때쯤 내가 짜잔, 하고 태어난 거지. 부모님은 기쁨을 감추지 못하고 내 이름을 '환영한다.'라고 지어버리신 거야."

나는 산티아고에 도착하기 전 산티아고에 사는 '환영한다.' 아저씨를 만난 게 행운이라는 생각이 들었다. 산티아고 전체가 나를 환영하고 있는 느낌이었다.

"내가 이곳에서 맛있는 문어 요리로 유명한 집을 알고 있는데, 같이 갈래? 순례길에서 조금 떨어져 있기는 해."

나는 기본적으로 유혹에 약한 사람이다. 특히나 먹는 유혹에는 답이 없다. 정신을 차려보니 나는 이미 그와 함께 현지인으로 가득한 식당에 들어서 있었다. 아저씨는 자리를 잡자마자 스페인 와인 중 해외에 가장 잘 알려져 있는 리오하 와인이 아닌 리비에라 데 두에로(지금은 내가 가장 좋아하는 와인이 되었다.)를 시켰다. 맛이 기가 막혔다. 한 잔, 두 잔 와인을 주고받으며 분위기가 무르익을 때쯤 아저씨가 물었다.

"앞으로 뭘 하고 싶어?"

"음… 이야기를 하는 사람이 되고 싶어요. 늘 이야기를 하고 싶었거든요. 책도 좋고 다큐멘터리도 좋아요. 하지만 능력이 될지 모르겠어요. 특히 끔찍한 기계치라 다큐멘터리는 힘들지도 몰라요."

육십에 가까운 아저씨는 나를 똑바로 쳐다보며 말했다.

"내가 네 나이라면, 네 나이로 돌아갈 수만 있다면 한 치의 망설임도 없이 되든 안 되든 원하는 일을 무조건 해볼 거야. 뭘 망설이는 거야? 당장 부딪쳐봐! 혹시 알아? 언젠가 내가 네 이름으로 나온 책이나 다큐멘터리를 보고 있을지? 그러면 나는 온 동네방네 떠들고 다니겠지. 나 이 사람 안다고."

"모르겠어요. 아직 능력도 안 되고 준비도 안 된 것 같아요."

"그래서? 그래서 영원히 안 할 거야? 언제 준비가 다 될 것 같아? 내 나이가 되면 될 것 같아? 그냥 도전해! 당장 해보라고!"

아저씨는 마치 자신의 일이라도 되는 것처럼 흥분하며 목소리를 높였다. 순간 내 안에서도 '그래, 할 수 있어!'라는 자신감이 (달콤한 레드 와인과 비타민 함량이 높은 문어의 영향이 없었다고는 말할 수 없지만) 불끈 솟아올랐다.

우리는 식당을 나와 그 옆에 있던 바에서 '아구아르디엔떼(aguardiente)', 직역하면 불타는 물이라는 40도짜리 술을

호기롭게 원샷했다. 그리고 정신을 차려보니 어느새
10킬로미터를 걸어 알베르게 문 앞이었다.
그날 나는 여행 후 처음으로 술과 좋은 기분에 취해 그대로
쓰러져 잠이 들었다.

외로운 산티아고 전야제

"죄송한데, 남은 침대가 없어요."

벌써 세 번째였다. 모두 입을 맞춘 듯 같은 말만 반복했다. 산티아고 도착을 코앞에 두고 잠잘 곳이 없었다. 산티아고로 가는 마지막 100킬로미터 구간을 걸으러 몰려든 뉴 페이스들과 다른 까미노들이 합쳐지면서 (산티아고 순례길은 프랑스 길 외에도 네다섯 곳이 더 있다.) 이곳은 그야말로 시장판이 되었다. 모든 알베르게가 만석이어서 숙박업소를 알아봐야 한다는 황당한 소식에 하는 수 없이 1박에 50유로나 하는 펜션에 방을 얻었다. 쾌적한 방에 앉아 있는데 부아가 치밀었다.

'산티아고 도착 전야를 알베르게가 아닌 펜션에서 홀로 지내야 하다니!' 알베르게는 사람이 많아서 불편하다고 불평할 때는 언제고 막상 내 의지와 상관없이 혼자가 되니 사람들과 둘러 앉아 마시던 맥주와 떠들썩한 웃음이 너무나 그리웠다. 길을 이야기하고 삶을 이야기하던 나의 까미노 동지들. 그들이 없으니 또다시 외로워졌다. 혼자 걷는 것과 혼자 덩그러니 남겨지는 것이 하늘과 땅 차이라는 것을, 그리고 우리는 늘 함께일 수도, 그렇다고 영원히 혼자일 수도 없는 존재라는 것을 다시 한 번 뼈저리게 깨달았다.

'세상은 결국 관계였구나. 관계가 없는 세상은 무의미한 거구나.'

어쩌면 까미노는 나에게 이 이야기를 해주기 위해 알베르게가 아닌 펜션에 나를 홀로 남겨둔 걸지도 모른다.

그동안 까미노에서 만나온 사람들을 떠올리며 왠지 모를 그리움에 젖어 있는데 반가운 전화가 걸려왔다. 까미노를 처음 걷던 날, 내게 '굿모닝!' 하며 인사했던 한국 친구였다.

"어디야?"

"나 내일 산티아고에 들어가."

"이제 들어가는 거야? 난 산티아고 도착해서 피니스테르 ('세상의 끝'이라는 뜻의 지명으로, 산티아고 데 콤포스텔라에서 100킬로미터 떨어져 있는 곳이다.)까지 갔다가 지금 한국으로 가는 비행기 타러 파리에 왔어. 혹시나 네가 파리에 있나 하고 전화해봤지."

나는 약 40일 일정으로 까미노를 걸었지만 대부분의 한국 친구들은 한국인 특유의 빠른 성격과 타이트한 귀국 일정 때문에 산티아고 완주 일정을 30일 정도로 잡았다. 그의 전화가 무척이나 반가웠지만 한편으로는 그리움을 더 짙게 만들었다. 얼마 남지 않은 길을 걷는다는 게 이렇게 힘들 줄 몰랐다. 멘탈도 서서히 무너지는 것 같았다. 모든 일은 매듭을 잘 지어야 하는데 그게 쉽지 않았다. 마지막 남은 길은 메세타만큼 힘들었다. 때문에 얼마 전부터는 빨리 이 길이 끝났으면, 하고 바라기도 했다. 그런데 사람 마음이란 게 정말 신기했다. 막상 끝이 보이니 아쉬웠다. 왜 더 즐기지 못했을까, 왜 더 감사한 마음을 갖지 못했을까, 하는 마음이 들었던 것이다. 인생길을 마감하는 순간에도 이런 비슷한 감정을 느낄 수 있겠구나 생각하니 정신이 바짝 들었다.

한국 친구들의 소식을 들으니 생각나는 사람이 있었다. 바로 나의 까미노 소울 메이트, 제시카. 그녀와 헤어진 뒤 그녀를 생각하지 않은 날이 거의 없었다. 특히 외로운 순간이 올 때마다 그녀와 함께했던 순간들이 떠올랐다. 그녀가 가슴 아픈 고백을 했을 때 따뜻하게 안아주지 못한 게 마음에 걸렸다. 그녀를 꼭 다시 만나고 싶었다.

사실 길을 걷는 내내 그녀와 다시 마주칠 줄 알았다. 늘 그랬던 것처럼 그녀가 어디선가 짠, 하고 나타나 "네가 너무 보고 싶어서 너라는 환영을 만들어낸 줄 알았어."라고 말해줄 줄 알았다. 그 환한 허수아비 웃음을 지으며 내게 다가올 줄 알았다. 하지만 산티아고를 눈앞에 두고 있는데도 그녀를 만나지 못했다. 새로 알게 된 사람들을 붙잡고 그녀에 대해 물어봤지만 아무도 그녀에 대해 알지 못했다. 하긴, 이성적으로 생각해보면 그녀가 아무리 느리게 걷는다 해도 이틀을 걷지 않았던 나보다 느릴 수는 없었다. 게다가 그녀의 산티아고 도착 이후 일정을 상기해봤을 때 그녀를 산티아고에서 다시 볼 가능성은 희박했다. 그녀를 다시는 볼 수 없을지도 모른다고 생각하니 다시금 한숨이 나왔다.

산티아고의 선물

'제대로 똑바로 살게 해주세요.'

예상치 못한 일이었다. 산티아고를 10킬로미터 앞둔 나는 두 손을 꼭 쥐고 눈물까지 흘리며 기도하고 있었다. 그것도 제대로, 똑바로 살게 해달라는 기도를 말이다. 누구에게랄 것도 없이 계속해서 같은 기도를 반복하고 있는 나 자신이 놀라웠다. 산티아고 길에 올라서면 누구나 기도를 하게 된다고 하는데 내가 이렇게 온 마음을 다해 기도하게 될 줄은 몰랐다.

나는 그렇게 눈물범벅인 채로 드디어 산티아고에 입성했다. 나는 산타아고 구시가지로 들어가는 길목에 있는 알베르게에 짐을 풀었다. 산티아고 데 콤포스텔라 대성당 앞에 대형 알베르게가 있다는 걸 알고 있었지만 여기까지 와서 몇백

명이 함께 지내는 곳에 있고 싶지 않았다. 내가 짐을 푼 곳은 명상하기에 딱 좋은 곳이었다. 히피스러운 외관 또한 마음에 들었다. 나는 잔잔한 음악과 몽환적인 데커레이션에 만족하며 한 시간 정도 꿀 같은 낮잠을 잤다.

가뿐한 기분으로 일어난 나는 슬슬 대성당으로 가볼까 하며 알베르게를 나섰다. 그때 길에서 몇 번 마주쳤던 친숙한 얼굴이 보였다. 다른 사람들보다 느리게 걸어서 산티아고에는 아는 사람이 전혀 없겠지, 라고 생각하던 차였다. 나는 너무 반가운 마음에 그에게 한달음에 달려가 인사를 했고, 나를 알아본 그 역시 환하게 웃으며 나를 반겼다. 나는 그에게 산티아고 순례길 완주 증명서를 받았냐고 물었다.

"아직 안 받았어. 혹시 어디서 받아야 하는지 알아? 너랑 같이 받으러 가도 될까?"

"좋지!"

그렇게 우리는 산티아고 구시가지에 들어섰다. 사실 나는 산티아고에 대한 기대가 별로 없었다. 순례지라는 것을 제외하면 명성 높은 관광 도시도 아니었고, 여기까지 오는 동안 만났던 작은 마을이나 도시와 비슷하겠지, 생각해서였다.

그런데 구시가지로 들어서자마자 입이 떡 벌어졌다.

"너무 아름다워! 이렇게 아름다울 줄은 정말 몰랐어!"

내 말에 그 역시 구시가지에서 눈을 떼지 못한 채 고개만 끄덕였다. 예쁘다고 하는 유럽의 웬만한 도시들은 이미 다 가본 터라 이제 내가 유럽에서 감탄할 도시는 없을 거라고 생각했다. 그런데 이곳에 오니 그 생각이 얼마나 어리석은 생각이었는지 깨달았다. 산티아고 구시가지는 다른 곳에서 느낄 수 없는 성스러운 기운이 넘쳐났다. 마침 햇살이 거리를 환하게 비추고 있었고, 거리의 악사들이 놀라운 수준의 연주를 선보이고 있었다.

'산티아고의 선물은 바로 산티아고 그 자체구나!'

나는 감탄하고, 감탄하고, 감탄하며 구시가지를, 산티아고 데 콤포스텔라 대성당을 몇 번이나 마음속에 담았다.

하지만 산티아고가 준비한 선물은 이게 끝이 아니었다.

산티아고 순례길 완주 증명서를 받고 잠시 순례자 사무실 뜰에 앉아 오고가는 사람들을 훑고 있는데 한 사람이 눈에 들어왔다. 순간 나는 내 눈을 의심했다. 그리고 그 사람이 환영이 아니라는 사실에 비명에 가까운 소리를 질렀다. 제시카였다. 제시카도

소리를 지르며 내게 달려와 나를 품에 안으며 소리쳤다.
"여기까지 무사히 와줘서 고마워! 그리고 축하해!"
한 달 동안의 힘겨운 여정이 이 순간으로 충분히 보상받은 느낌이었다. 그녀는 3일 전에 산티아고에 도착했고 내일이면 이곳을 떠날 계획이라고 했다. 이곳에 하루만 더 늦게 도착했다면 그녀를 영영 만나지 못했을 거라 생각하니 아찔했다. 만난 것만도 기적 같은데, 그녀는 더 신기한 이야기를 해주었다.
"어젯밤 꿈에 네가 나왔어. 정말 아름다운 곳에서 즐거운 시간을 보내고 있는데 네가 갑자기 떠나야 한다고 하는 거야. 갈 데가 있다면서. 네가 떠나자마자 함께 있던 곳이 어둡고 우울한 장소로 변해버렸어."
"정말? 어젯밤에 내가 떠나버린 꿈을 꿨단 말이야?"
"응. 그래서 오늘 아침에 일어나서 생각했지. 내가 너를 계속 보고 싶어 하니까 이제는 포기하라고, 더 이상 미련 갖지 말라고 누군가가 신호를 보내온 거라고. 그래서 결심했었어. 이제 이 길에서 너를 다시 만난다는 희망을 내려놓자고. 그런데 이렇게 널 다시 보게 될 줄이야!"
다시 만난 그녀는 몇 살을 훌쩍 먹은 것처럼 늙고 지쳐 보였다.

우리가 헤어진 후 걸은 길들이 내가 그랬던 것처럼 그녀에게도 얼마나 고독하고 힘든 여정이었을지 짐작하고도 남았다. 나도 그녀를 꼭 끌어안고 말했다.

"여기까지 온 걸 진심으로 축하해! 다시 만나서 너무 기뻐!"

나는 이번 산티아고 여행에서 더 이상 바랄 게 없었다. 다시 만난 제시카와 대성당에 앉아 생각했다. 나는 이곳이 간직하고 있는 선물을 다 받은 것 같다고. 그렇게 행복에 젖어 있는데 옆에 앉아 있는 다른 순례자의 뾰로통한 목소리가 들려왔다.

"나는 이곳에 도착하면 순례자들을 환영하는 행사나 특별한 뭔가가 있을 줄 알았는데 성당 미사 말고는 아무것도 없잖아. 너무 실망이야!"

나는 그의 말을 듣자마자 적잖이 놀랐다. 평생 한 번 걸을까 말까 한 그 길고 긴 길을 오로지 '스스로'를 위해 걸어왔으면서 그 여정 마지막에 남이 자신을 위해 무언가를 준비하지 않았다고 실망한다는 게 말이나 되는 소리일까. 순간 비엔베니도 아저씨의 말이 떠올랐다.

"걷는 사람들을 잘 봐봐. 이 길을 걷는다고 다 순례자는 아니야. 사람들은 크게 두 종류로 나뉘지. 대부분은 관광객이야. 이들은 가장 적게 걸으면서 짐은 가장 많아. 피곤하면 버스나 택시를 밥 먹듯이 타고 다니고, 내면을 들여다보기보다는 떠들고 놀기 바쁘지. 그러면서도 힘들다고 늘 불평이야. 반면 아무리 힘들어도 자신의 힘으로 온전히 길을 걸으며 필요하면 고독조차도 즐기는 사람들이 있어. 이들은 쓸데없는 짐 없이 늘 감사하며 자신만의 리듬으로 굳건히 앞으로 나아가는 사람들이야. 게다가 걷는 내내 스스로의 내면을 탐구하는 사람들이지."

그때 나는 생각했다.

'나는 이 길을 관광객으로 걷고 있을까? 순례자로 걷고 있을까? 나는 내 인생을 관광객으로 살아가고 있을까? 순례자로 살아가고 있을까?'

나의 속마음을 읽은 듯 비엔베니도 아저씨가 웃으며 말했다.

"우리 둘은 관광객은 아니지만 아직 순례자는 되지 못한, 하지만 순례자가 되기 위해 노력하는 순례 관광객이야!"

아저씨다운 명쾌한 답이었다. 그랬다. 나는 순례 관광객이었다. 하지만 순례자가 되기 위해 노력하고 있으니 희망은 있었다.

어느새 길이 끝났고, 나는 걸어서 이곳에 도착했다. 그리고 생각했다.

'이제야 순례자에 조금 더 가까워진 것 같아!'

그 후 산티아고에 머무는 3일 내내 길을 잃었다. 그동안 이곳만 바라보며 길을 걸었고, 드디어 이 길 끝에 다다랐는데 또다시 길을 잃다니 이건 또 무슨 아이러니일까. 게다가 나는 몇 시간이고 헤매고 다닐 정도로 심각하게 길을 잃었다. 대단히 복잡한 길도 아니었다. 내가 묵던 알베르게에서 구시가지로 갔다가 다시 돌아오는 길, 그 30분 정도 걸리는 단순한 길이 얼마나 어렵던지! 한번은 까미노 친구들과 즐겁게 저녁을 먹은 후 자정 즈음 길을 나섰는데 새벽 3시가 다 되어서야 알베르게에 도착한 적도 있었다. (물론 와인을 한 잔 마시기는 했다.) 그동안은 노란 화살표만 따라가면 됐었다. 쭉 앞으로 뻗어 있는 길만 따라가면 됐었다. 그런데 그 화살표가, 그 길들이 사라지자 나는 방향감각을 상실했다. 허둥대며 화살표를 찾고 있는 나를 발견할 때가 많았다. 하지만 더 이상 나를 인도할 노란 화살표는 없었다. 내가 가야 할 방향을 정해주는 이정표도 없었다.

그제야 깨달았다. '어느 길로 가야 할지 더 이상 알 수 없을 때,

그때가 비로소 진정한 여행의 시작이다.'라는 나짐 히크메트의 말처럼 이제부터 정말 나의 여행이 시작되었다는 것을. 그리고 내 인생의 이정표는 늘 내 안에 있었다는 사실을. 자주 꺼내 보지 않았을 뿐 내 안의 나침반은 늘 나만의 북쪽을 가리키고 있었다는 것을.

애당초 내 길을 가리키는 화살표는 없었다. 지극히도 당연한 이 사실들을 깨닫기 위해 나는 800킬로미터나 되는 길을 걸었는지도 모른다.

MANSILLA
DE LAS MULAS

쉼표와 마침표 사이

Paris

도돌이표 질문

산티아고에서 파리로 돌아와 쿠바 여행을 준비하던 중
전 직장 피디님의 소개로 한 다큐멘터리의 파리 코디네이터로
단기간 일할 기회가 생겼다. 다큐멘터리가 좋아 방송국에
들어갔어도 정작 보도 쪽에서만 일했기에 드디어 원하던 걸
배울 수 있는 좋은 기회였다. 마침 통장 잔액도 급격히 줄어든
상태였다.
일을 시작하기 전 그 무엇보다도 나의 관심을 끌었던 것은
다큐멘터리의 주제였다. 바로 고독사. 한국에서는 평균
다섯 시간마다 한 명이 고독사로 생을 마감한다고 했다.
이미 오래전부터 고독사 문제에 직면했던 프랑스와 스웨덴 등
서구 사회가 이 문제를 해결하고자 내놓았던 방안들을 살피고자

기획된 다큐멘터리였다.
나는 고독사라는 주제를 듣자마자 나를 여행길에 오르게 한 그 무엇과 일맥상통한다는 생각이 들었다. 평생 외롭고 공허하게 사는 것만으로도 부족해서 죽을 때도 고독해야 한다면?
생각만으로도 정말 끔찍했다. 파리 케이스를 조사하면서 알게 된 놀라운 사실 중 하나는 고독사하는 사람들이 경제적으로 어려운 사람들만 있는 게 아니라는 사실이었다. 의외로 좋은 동네, 비싼 집에 사는 사람들의 고독사 비율이 높았다.
그러고 보면 집을 털린 후 좌절하며 되풀이했던 질문, '어떻게 집 안 물건들을 몽땅 쓸어가는데 아무도 모를 수가 있지?'라는 질문은 차라리 나은 편이었다. '어떻게 옆집에서 사람이 죽어 나가는데 아무도 모를 수가 있지?'라는, 훨씬 더 충격적이고 가슴 아픈 질문을 아직 스스로에게 던질 일이 없었다는 게 다행으로 여겨졌다.
'나만 외롭고 공허한 게 아니야. 게다가 고독하게 죽어가는 사람들에 비하면 나는 정말 행복한 사람이야.'
문득 옆집에 혼자 사시던 프랑스 할아버지가 떠올랐다.
할아버지는 1년의 절반은 프랑스 남부의 별장에서, 나머지 절반은 파리의 아파트에서 지내셨다. 멋진 별장까지 가지고 계시니 얼핏 보면 누구나 부러워할 만한 노년을 보내고 계신 듯했지만 나는 알았다. 할아버지의 집에 누구도 찾아온 적이 없다는 사실을. 그게 얼마나 사람을 초라하게 만들어버리는지를.

'그러면 나는? 나라도 한 번 찾아갔던가?'

옆집에서 들리는 소리라고는 텔레비전에서 흘러나오는 공허한 웃음소리와 진행자들의 말소리뿐이었다. 할아버지는 귀가 잘 안 들리셨던지, 아니면 그 소리로 텅 빈 공간을 메우려고 하셨던지 텔레비전의 볼륨을 늘 최대치로 맞춰놓으셨다. 그 소리들이 내게로까지 와 닿으면 나는 내 방 건너편에서 홀로 텔레비전을 보며 쓸쓸히 앉아 있을 할아버지의 모습이 떠올라 가슴이 먹먹했다. 하지만 나 역시 먼저 다가가 손 내밀지 않았다.

프랑스는 소위 말하는 선진국이다. 사정이 좋지 못한 나라에서 본다면 분명 풍요로운 나라임에 틀림없다. 게다가 아름다운 나라로도 정평이 나 있다. 그런데도 사람들은 외롭다고 말하고 공허하다고 눈물 흘리고 홀로 쓸쓸하게 죽어가기까지 한다.

산티아고에서 만났던 캐나다 소설가 빌 아저씨가 베트남에서 살았던 때의 이야기를 해준 적이 있다.

"베트남 사람들한테 산티아고로 한 달간 걸으러 간다고 말하면 다들 어리둥절한 표정으로 물어. 그렇게 걸으면 누가 돈 주냐고. 하루하루 먹고살기도 힘든 그들에게 일부러 산티아고까지 가서 뙤약볕을 맞으며 걷는다는 건 상상할 수 없는 일이거든."

실제로 까미노에는 소위 말하는 후진국(순전히 경제적인 의미로만 봤을 때) 사람들이 단 한 명도 없었다. 빌 아저씨의 말마따나 하루 벌어 하루 먹기도 힘든데 그곳까지 가서 걸을 시간이 어디 있겠는가. 외롭고 공허하다고 투정 부릴 여유가 어디 있겠는가. 집 안에 홀로 고독하게 죽어갈 공간이 어디 있겠는가.

어쩌면 외로움과 공허, 고독이란 물질적으로 풍요로운 사회의 구성원들이 이고 가야 할 '존재적 짐'이 아닐까. 외로움과 공허, 그리고 고독. 서로가 서로에게 얽혀 있을 이 감정들과 여전히 대치한 채 나의 쿠바 여행 준비는 거의 끝나가고 있었다.

나는 너의 짐 보관소가 아니야

"나는 너의 짐 보관소가 아니야."

다시 떠난다는 나를 보며 장뤽이 말했다. 이유를 묻기도 전에 서운한 마음이 밀려왔다.

"어차피 너 혼자 사는 집에 남는 공간도 많으면서 이깟 짐 좀 몇 달 보관해주는 게 그렇게 어려운 일이야?"

"짐이 문제가 아니야."

"그럼 뭔데?"

"…."

"아니, 그럼 뭣 땜에 그러냐고?"

어느새 산티아고의 해피바이러스(?)는 온데간데없이 사라지고 나는 먹잇감을 눈앞에 둔 맹수처럼 그를 일방적으로 몰아세웠다.

산티아고에 들어서며 똑바로 살게 해달라고 울면서 기도한 게 얼마 전의 일이다. 파리에서 다시 만난 지인들은 입을 모아 말했다.
"산티아고에 갔다 오더니 사람이 정말 변했어!"
나는 그런 말을 듣는 나 스스로가 대단히 자랑스러웠다. 이전 같으면 분명 화를 내야 할 타이밍인데도 "괜찮아."라고 말하는 나 자신이 너무도 반가웠다. 하지만 변하긴 무슨. 사람이 변하는 게 그렇게 쉬운 일이라면 전 세계 사람들은 의무적으로 1년에 한 번씩 산티아고 순례를 해야 할 것이다. 뭐… 그렇다고 아예 변하지 않았다는 건 아니다. 변했다. 아니, 변하고 있었다. 나 자신도 놀랄 정도로. 그를 대하는 자세만 빼고 말이다.
사람들은 장뤽을 가리켜 가장 취향이 없어 보이면서도 가장 취향이 확실한 사람이라고 말했다. 그는 일단 비슷한 청남방이 많았다. 자신이 좋아하는 무늬의 파란색 남방만 사기 때문에 다 다른 남방이지만 결국 다 똑같아 보였다. 그런 청남방을 365일 중 360일을 입었다. 나는 그게 싫어 늘 불평했고, 다른 종류의 (분명 누가 봐도 더 세련되어 보이는) 남방을 사주기도 했다.
하지만 장뤽은 자신이 추구하는 색과 무늬가 아니면 절대로 입지 않았다. 게다가 청바지도 마음에 드는 게 있으면 (그것도 몇 년에 한 번) 똑같은 걸 몇 벌씩 사서 쟁여놓았다. 취미는 '프라이팬 보기'였는데, 함께 마트라도 가면 정말 한도 끝도 없이 프라이팬을 들여다봤고, 내가 버럭 화를 내야만 정말 아쉬워하며 프라이팬 코너에서 발걸음을 돌렸다. 더 신기한 건 정작 그가 사용하는 프라이팬은 10년도 더 된 골동품이라는 사실이다.

"도대체 왜 바꾸지 않는 건데?"

내가 답답해서 물으면 그는 웃으며 답했다.

"정이 들었거든."

그의 특기는 요리, 또 다른 취미는 금요일의 맥주. 요리를 워낙 좋아했던 장뤽은 늘 내게 수많은 음식을 해줬다. 나는 그에게 잘한다, 잘한다 노래를 했고, 결국 그는 요리사가 되었다.

새벽에야 일을 끝내고 돌아온 그는 거의 매일 밤 맥주 캔을 따며 말했다.

"금요일의 맥주는 역시 최고야!"

장뤽에게는 매일 밤이 불금인 셈이었다. 그는 내가 뭔가에 화가 나 있거나 신경질이 나 있으면 어김없이 말했다.

"그러지 말고 방귀 한 번 시원하게 뀌어."

그의 느긋함에, 그의 철저한 취향에, 마트에서의 숨바꼭질에 나는 자주 폭발했다. 그런 그와 나의 관계가 지금까지 유지될 수 있었던 건 나에 대한 그의 무조건적인 사랑과 유머 때문이다. 우리의 대화는 정보 전달을 위한 대화를 빼고는 늘 농담으로 시작해서 농담으로 끝났다. 까미노에서 아킬레스건을 다쳤을 때 갔던 약국에 짧지만 인상 깊은 문구가 걸려 있었다.

'인생을 너무 진지하게 여기면 인생에서 살아남지 못하리라!'

우리는 둘 다 가진 게 별로 없었지만 세상 모든 것에 대해, 특히 우리 자신에 대해 농담하며 웃을 수 있었다. 그는 늘 입버릇처럼 말했다.

"난 평생 행복한 바보로 살고 싶어."

이렇게 장난스럽고 순수한 장뤽이 정색할 때는 그만큼 사태가 심각하다는 증거였다. 펑펑 울며 나와 다시 시작할 자신이 없다고 할 때처럼 말이다.

"그러니까 장뤽, 짐이 아니면 도대체 뭐가 문젠데?"

"… 너는 늘 이런 식이야. 나한테 모든 걸 맡기고 사라져버리지."

나는 장뤽의 말에 어떤 대답도 할 수 없었다. 그의 말이 무얼 의미하는지 너무 잘 알고 있었기 때문이다. 산티아고로 떠나기 전 나는 혼자 살던 방을 빼고 집 잃은 나의 짐들을 당연하게 장뤽의 집에 옮겨두었다. 그리고 홀로 떠났다. 그리고 또다시 떠나려고 하고 있다.
여태껏 끝날 듯 끝나지 않았던 우리 관계는 누군가의 표현처럼 쉼표의 연장이었다. 하지만 이젠 우리 둘 다 알고 있었다.
이렇게는 계속될 수 없다는 걸.
이젠 정말 쉼표가 아닌 마침표를 찍어야 하는 순간이 온 걸까?

세상에서 제일 부러운 사람

도대체 무엇을 어떻게 해야 할지 감도 오지 않았다. 결국 내 짐은 장뤽에게 남겨졌다. 장뤽도 덩그러니 남겨졌다.

쿠바로 떠나는 날 새벽, 컨디션이 제로에 가까울 정도로 몸이 무거웠다. 이렇게 방전된 몸으로 장거리 여행이라니….

여행에 대한 기대와 설렘이 지난 몇 주 동안의 극심한 피로와 스트레스에 맞물려 사라지려 하고 있었다.

'아니야. 이래서는 안 돼! 쓰러져도 아바나에서 쓰러지자!'

나는 마치 주문을 외듯 중얼거리며 예정 시간보다 조금 늦게 도착한 택시의 뒷좌석에 무너지듯 앉았다.

"오를리 공항이요."

"다른 유럽 국가에 가시는 거예요?"

나는 행선지를 말하고 싶지 않아 "아니요."라고 짧게 말했다. 그러고 나서 눈을 좀 붙이려는데 그가 말을 이었다.
"그럼 어디로 가시는데요?"
순간 나도 모르게 대답을 할까 말까 망설였다. 파리에 혼자 살면서 굳어질 대로 굳어진 경계심이 내 대답을 가로막았다. 더불어 나만 홀연히 파리의 잿빛 하늘을 탈출하는 것에 대한 미안함도 있었다. 2월 초는 파리지앵들이 파리의 회색 하늘과 차가운 날씨를 지긋지긋해할 때다. 이때 홀로 구름 한 점 없는 청량한 하늘과 뜨거울 만큼 정열적인 나라로 간다고 생각하니 묘한 죄책감이 들었던 것이다. 몇 달간 쿠바를 여행하겠다고 말했을 때 지인들이 지었던 표정이 떠올랐다.
"또 여행을 가는 거야?"
"세상에서 제일 부러운 사람이네!"
내 마음이 비뚤어진 건지는 모르겠지만 나는 그들의 표정과 말투에서 부러움과 질투심을 느꼈다. 그리고 '여행에서 돌아온 지 얼마나 됐다고 또 여행을 가는 거야?' '그렇게 살고 싶은 대로 살다가 뭐가 되려고 그래?'라는 무언의 비난도 느꼈다. 하지만 그렇다고 여행을 포기할 내가 아니었다. 그럴수록 이왕 서른 맞이 여행을 준비한 거 끝까지 가보는 거야, 라는 오기가 생겼을 뿐이다.

"쿠바요."

내가 답하자마자 택시 기사의 입에서 환호가 터져 나왔다.

"와우! 정말 좋겠네요! 거기는 날씨가 끝내주겠죠?"

"그렇겠죠."

"얼마나 가 있어요?"

한 달 넘게, 어쩌면 몇 달 있을지도 모른다고 말하려다가 이 남자가 새벽 5시부터 (아니면 그보다 훨씬 전부터) 일하고 있다는 사실이 떠올라 나름 선의의 거짓말을 했다.

"2주요."

"와우!"

그는 다시 한 번, 마치 자신이 떠나는 것처럼 기분 좋게 환호했다. 심지어 공항에 도착해서는 동전이 없는 나를 위해 거금 2유로를 깎아주었다. 지금껏 파리에 살면서 누가 단돈 1유로도 깎아준 적이 없는데 말이다. 어느새 나는 찡그렸던 얼굴을 펴고 살짝 웃으며 공항에 들어서고 있었다.

PIZZA PINO

비바

아모르

Cuba

여기가 도대체 어디지

누군가가 발코니로 나와 나를 내려다보더니 안에 있는 누군가에게 외쳤다.

"치나(china. 동양 여자, 특히 중국 여자를 이르는 말.)가 벌써 왔어!"

그러고는 다시 내 쪽으로 고개를 돌리며 "3층이야!"라고 외쳤다. 곧 현관문이 자동으로 열렸다. 비행의 고단함과 짐의 무게 때문에 끙끙대며 3층까지 올라갔다. 그곳에는 마른 몸매에 눈꼬리가 올라간 사십 대 후반의 아주머니가 서 있었다.

"올라! 꼬모 에스따스(¿hola, cómo estás)?"

'하이, 하우 아 유(hi, how are you)?'에 해당하는 말이다.

아주머니는 마치 기선제압이라도 하겠다는 듯 나를

위아래로 훑어보았다. 나는 집을 잘못 찾았나 싶어 그녀에게 "수라마?"라고 물었고, 그녀는 "시, 소이 요(sí, soy yo. 어, 나야)." 라고 답했다. 사람을 볼 때 선입견을 갖지 말아야 하는 건 알지만 그녀를 보자마자 생각했다.

'내가 생각했던 쿠바 아주머니하고는 거리가 너무 멀잖아. 게다가 엄청 까칠할 것 같아!'

나는 이곳에 오기 전까지 따뜻하고 정 많아 보이는 까사(casa. 집이라는 뜻의 스페인어로 여기서는 관광객을 위한 민박집을 뜻한다.) 여주인을 기대했다. 그런데 수라마는 까칠한 외모와 범접할 수 없는 포스로 나의 기를 한껏 눌러대고 있었다.

"혼자 왔니?"

"네."

"왜? 남자친구가 없는 거야?"

내가 그 질문에 답하지 않을 거란 걸 알아서 그런 건지, 그런 건 아무래도 상관없다고 생각한 건지 수라마는 자신의 말이 끝나자마자 나를 침실로 안내했다. 그곳에는 음악을 듣고 있는 젊은 흑인 여자가 있었다. 그녀는 고개를 들어 내게 인사한 후 자리에서 일어나 화려하게 골반을 돌리기 시작했다. 그녀는 나의 놀란 눈빛에 아랑곳없이 음악에 심취한 채 몸을 흔들었다. 그리고 음악이 끝나자마자 언제 그랬냐는 듯 다시 제자리에 앉아 노래를 흥얼거렸다. 나는 뭔가에 단단히 홀린 사람처럼 멍하니 있다가 내가 잘 침대를 눈으로 훑었다. 수라마의 까사는 아름다운 콜로니얼 양식으로 유명한 올드 아바나 중심에 있었다. 그래선지 수라마는 자기 까사에 대한 자부심이 가히 오성급 호텔의 지배인 같았다.

"우리 집은 어떻게 알고 왔어?"

"인터넷에서 봤어요."

"사람들이 뭐라고 평가하던?"

"음… 아름답고 아늑하며…."

짐도 풀기 전에 내가 왜 이런 대화를 나눠야 하나 싶었지만 그녀는 대단히 만족한 표정으로 내 말을 끊으며 말했다.

"거봐! 그렇지? 이 집은 참으로 아름답지? 나는 우리 집에 머무는 사람들의 편의와 안전에 각별히 신경을 써. 게다가 우리 집을 찾은 이들의 이름을 모두 외워. 이렇게 이름까지 일일이 기억하는 까사는 드물다고!"

신이 난 수라마는 이제 막 아바나에 도착한 나를 붙잡고 일장연설을 시작했다. 빨리 샤워하고 싶은 나의 간절한 마음은 그녀에게 전해지지 않았다. 나는 그녀의 말이 끝나기를 기대하며 숙박부에 사인했다. 하지만 이번에는 민박집 경영에 관련된 일들을 주저리주저리 늘어놓았다. 혼잣말인지 아니면 나에게 하는 말인지 헷갈리는 말들을 듣다가 지쳐버린 나는 그녀에게 양해를 구한 후 내 침대로 돌아왔다.
샤워를 마쳤다. 그리고 침대에 앉았다. 빨간 배낭이 침대 옆에 얌전히 누워 있었다. 그제야 '아, 내가 정말 쿠바에 왔구나!'라는 생각이 들었다. 테라스 밖으로 오래된 건물들이 흐릿하게 보였다.

시차 때문인지 긴장감 때문인지 새벽 5시에 눈이 번쩍 떠졌다.
'여기가 어디지?'
아바나. 아직 잠들어 있는 고요한 아바나였다. 조용히 자리에서 일어나 테라스로 나갔다. 흑백사진처럼 아름다운 아바나가 고요히 나를 바라보고 있었다.
나는 조금이라도 빨리 아바나를 만나고픈 마음에 동이 트자마자 카메라를 들고 거리로 나왔다. 조금 전과는 다르게 오토바이

소리, 음악 소리, 새 소리, 인력거 소리, 닭 우는 소리, 올드 카 엔진 소리가 한꺼번에 섞여 들었다. 내가 기대했던, 그리고 앞으로 사랑하게 될 쿠바의 '일상의 소리'였다.

나는 파리에서 그랬던 것처럼 길바닥에 앉아 사람들을 구경했다. 그러다 특이한 장면을 목격했다. 빵집 앞에 줄을 선 사람들 손에 하나같이 희끄무레한 무언가가 들려 있었다. 학생은 물론 방금 전 클럽에서 나온 듯한 섹시한 아가씨도 그걸 들고 있었다. 그리고 그것에 빵을 담아 빵집을 나섰다. 자세히 보니 비닐봉지였다. 순간 나는 적지 않은 문화 충격을 받았다.

내가, 그리고 많은 사람들이 한 번 쓰고 버리는 비닐봉지가 이곳에서는 일회용품이 아니었다. 지저분하다고 할 만큼 해진 비닐봉지에서 쿠바의 가난함이 보였다. 미국의 경제봉쇄로 공산품은커녕 기본적인 약품도 부족한 나라였다. 그런 쿠바가 먹고살 수 있는 건 오로지 관광사업 때문이었다.

사실 쿠바의 가난은 교묘하게 감추어져 있어 보지 않으려면 얼마든지 보지 않을 수 있었다. 외국인과 관광객은 화폐부터 숙소, 식당, 심지어 교통수단까지 구분되어 있다. 그러니 관광객과 현지인들의 동선은 현저히 달랐다. 유일하게 동선이

겹치는 곳이 바로 올드 아바나 거리였다. 하지만 대부분의 관광객들은 현지의 삶을 들여다보기 전에 카메라부터 들이댔다. 그런 관광객들이 일회용품이라고는 존재하지 않는, 아니 존재할 수 없는 이곳에서 유일한 일회용품이었다.

처음 거리로 나왔을 때와는 조금 다른 기분으로 거리를 걸었다. 산티아고에서는 '나는 관광객으로 이 길을 걷고 있을까, 순례자로 이 길을 걷고 있을까?'라는 질문이 따라다녔다. 그리고 이곳에서도 비슷한 질문이 나를 따라다닐 것 같다. '나는 일회용품 관광객으로 이 여행을 마치게 될까, 아니면 현지인들과 우정을 나누며 진정한 친구가 되어 이 여행을 마치게 될까?'

"마카레나, 마카레나, 오~ 마카레나!"

버스에서 흘러나오는 엄청난 크기의 음악 소리 때문에 정신이 번쩍 들었다. 아바나에서는 어떤 큰 소리도 문제가 되지 않았다. 공공장소에서는 무조건 휴대폰 무음에 음악도 이어폰으로 듣는 우리네와 달랐다. 집집마다 퍼져 나오는 텔레비전 소리, 인력거 사내들의 고함 소리, 어디선가 흘러나오는 음악 소리, 사람들의 웃음소리… 이 모든 소리들이 한데 뒤섞여 그 어떤 도시에서도 들은 적 없는 아바나만의 소리를 만들어내고 있었다. 문득 이곳은 참으로 초현실적이구나, 라는 생각이 들었다. 쓰러질 듯한 건물들과 적당히 지저분한 골목길, 그리고 이 모든 걸 찬란하게 비추고 있는 강렬한 태양 때문에 순식간에 다른 세계로 들어온 것 같았다. 폐품을 수거하는 아저씨 뒤로 탁자 하나 세워놓고 꽃을 파는 아주머니가 있었고, 올드카의 매연 사이로 길을 건너는 여인이 있었고, 골목마다 뛰어노는 아이들이 있었다. 그리고 멀지 않은 곳에서 이름 모를 새들이 날아다녔다. 나는 이 모든 장면을 하염없이 바라보다가 스스로에게 물었다.

'여기가 도대체 어디지?'

지극히 솔직하고 황당한 구애

"난 아무도 사랑하지 않아! 아내도, 애인도 없고, 우리 엄마는 이미 오래전에 죽었어!"

어딜 가나 이런 심술쟁이들(?)이 한 명씩 존재한다. 쿠바 현지 화폐 식당에서 배를 채우고 있는데 주인아저씨가 밸런타인데이 대목을 맞아 하트 스티커를 팔러 온 상인에게 고래고래 소리를 질렀다. 그의 기세에 눌린 상인은 스티커 한 장 팔지 못하고 그대로 쫓겨났다. 주인아저씨가 왜 저리 뿔이 났는지는 알 길이 없다. 전날 애인이랑 대판 싸웠을 수도 있고, 쿠바에서 '사랑'을 하지 않는 소수자들에 대한 일종의 권리 보호 차원이었을 수도 있다. 내가 이렇게 이야기하는 이유는 쿠바에 사랑이 넘쳐났기 때문이다. 이들은 늘 사랑을 논했다. 쿠바 젊은이들은 하나같이 내게 결혼 여부를 물었고, 결혼을 하지 않았다고 말하면 이렇게 물었다.
"그럼, 지금 사랑은 하고 있어?"
내가 그것도 아니라고 답하면 그들은 마치 나를 숨도 안 쉬고 사는 사람처럼 쳐다보았다. 태양만큼 피도 뜨거운 쿠바인들에게 사랑은 공기와도 같았다. 누군가를 부를 때도 '미 비다(mi vida. 내 인생아)!' '미 아모르(mi amor. 내 사랑아)!'라는, 듣기만 해도 기분이 달콤해지는 애칭을 자주 사용했다. 툭하면 연애세포가 사라졌다느니 어쨌다느니 하는 이들과는 차원이 다른 사람들이었다.
밸런타인데이 전야를 맞아 아바나에서 만난 친구들과 함께 아바나의 명물인 '나르도스'라는 근사한 쿠바 레스토랑에 갔다. 즐겁게 저녁을 먹고 술도 한 잔씩 마시니 이미 자정이 넘어 있었다. 밸런타인데이가 시작되는 새벽이었다. 나는 어두운 골목길을 혼자 걸을 엄두가 나지 않아 인력거 택시를 잡아탔다. 인력거 청년은 분명 내가 말한 수라마의 까사를 정확히 알아들었으면서 자꾸만 한적한 곳으로 인력거를 몰았다. 순간 겁이 났다. 무슨 일을 벌이려는 건 아니겠지, 하며 가슴을 졸이고 있는데 갑자기 그가 뒤를 돌아보더니 내가 지금껏 들어본 것 중 가장 솔직하면서도 황당한 구애를 시작했다.

"나는 애가 둘 있고 두 번 이혼했어. 만약 네가 좋다면 이번 주말에 너와 함께 아이들을 보러 가고 싶어."

다른 건 몰라도 그의 솔직함 하나는 높이 살 만했다. 놀랍게도 산전수전 다 겪은 그는 나보다 다섯 살이나 어렸다. 실제로 쿠바의 이혼율은 60퍼센트가 넘는다고 한다. 사랑도 혁명하고 싶었던 것일까? 피델 정부는 혁명 이후 이혼 절차를 단 몇 시간 만에 끝낼 수 있도록 간소화시켰다. 하지만 절차보다 더 큰 문제는 바로 사랑이었다. 이들에게 사랑 없는 결혼 생활은 무의미했다.

"있잖아. 나는 지금 연애를 하고 싶은 생각이 전혀 없어. 그리고 나는 여기에 남을 사람도 아니기 때문에 너의 연애 상대로 적합하지 않아."

내가 짐짓 진지한 표정으로 말했지만 그는 나보다 더 진지한 표정으로 물었다.

"왜? 우리가 떨어져 있어도 편지로 계속 소식을 주고받을 수 있잖아. 당장 결혼하자는 게 아니야. 그냥 너를 사귀면서 더 잘 알고 싶다는 말이야."

그의 막힘없는 논리에 나는 할 말을 잃었다. 웃으면서 계속 안 된다고 말해도 그는 막무가내였다. 아니, 오히려 한술 더 떴다.

"오늘은 모든 사람이 사랑을 고백하는 밸런타인데이야. 이런 날이 시작되자마자 너를 만난 건 운명이 아닐까?"

쿠바 남자들은 작업의 정석이라도 들고 다니며 공부하는 걸까? 어떻게 저런 멘트를 아무렇지도 않게 하는 거지? 그는 물러날 생각이 전혀 없어 보였다. 뭔가 해결책을 내놓지 않으면 오늘 안에 까사로 돌아가긴 틀렸다는 생각이 들었다. 나는 잠깐 고민하다가 그에게 말했다.

"그럼 토요일 오후 5시, 캐피톨 광장 앞에서 만나 커피 한 잔 하자."

그가 씨익 웃더니 다시 인력거를 몰기 시작했다. 5분도 되지 않아 수라마의 까사가 나타났다.

진심과 사기의 경계

'악마같이 검고, 지옥처럼 뜨겁고, 천사같이 순수하고, 사탕처럼 달콤하다.'

18세기, 프랑스 외교관 샤를 모르스 드 탈레랑이 에스프레소를 묘사한 말이다. 하지만 나는 이 말이 쿠바인에게 딱 들어맞는 묘사라고 확신한다. 아이처럼 순진하지만 그 누구보다도 시니컬하고, 각종 고단수의 사기를 치는가 하면, 친절을 넘어 자신이 가진 모든 걸 주려고 하는 모순으로 똘똘 뭉친, 니체의 말마따나 인간적인, 너무나 인간적인 이들이 바로 쿠바인이었다.

엄마는 나를 두고 늘 '사기당하기 딱 좋은 유형'이라고 했다. 나는 사람 말을 잘 믿고, 귀도 얇아서 남이 좋다고 하는 건 다 좋았다. 그냥 혼자 좋아하면 되는데 온 동네방네 다 소문내고 다녀야 직성이 풀렸다. 이런 나에게 쿠바는 시련을 주다가도 웃음을 주었고, 웃음을 주다가도 성질을 돋웠다.

아바나에 온 지 얼마 되지 않았을 때, 지나가는 젊은 여자에게 길을 물었다. 그녀는 친절하게 내가 가려는 곳까지 직접 데려다주겠다고 했다.

"고마워!"

나는 그녀와 함께 걸었다. 그녀는 자신을 임산부라고 소개하며 내 손을 자신의 배로 가져갔다.

"4개월이야."

목적지에 닿았을 때는 이렇게 말했다.

"있잖아, 아기 우유 사 먹일 돈이 필요한데 말이지…."

나는 '아기'라는 말에 마음이 약해져서 몇 쿡을 건넸다. (지금 생각해보면 아직 세상에 나오지도 않은 아기의 우유를 사달라는 말을 믿은 내가 바보였다.) 하지만 그녀는 손을 내저었다. 아, 돈을 달라는 말이 아니었구나, 하고 있는데 그녀가 말했다.

"난 이 돈으로 뭘 살 수 없으니 네가 가게에 가서 사주면 안 돼?"

내가 그녀에게 건넨 돈은 외국인 전용 화폐였다. (막 쿠바에 도착했던 때라 나는 외국인 화폐 쿡과 현지인 화폐 쿱 혹은 페소에 대해 제대로 파악하지 못하고 있었다.) 이왕 좋은 일 하는 거 끝까지 해보자, 라는 심정으로 그녀와 함께 가게에 갔다. 그런데 그녀가 코코아 가루와 소스 같은 물건들을 잔뜩 주문하기 시작했다. 이건 아니다 싶었다. 나는 우유를 사든지 말든지 알아서 하라며 원래 주려던 돈만 주고 가게를 나와버렸다.

또 하루는 갑자기 떨어진 신발 밑창을 고치러 갔다. 내가 수선 가격을 묻자 아저씨는 "200페소."라고 답했다. 쿠바의 평균 월급이 2만 원이 채 되지 않는다는 사실을 떠올려볼 때 1만 원이 넘는 돈을 달라는 건 터무니없는 억지였다. 그때 나는 이번 쿠바 여행은 순탄치 않겠구나, 라고 생각했다.

"무슨 밑창 하나 바꾸는데 200페소예요?"

아저씨는 내 항의에 별 표정 없이 어깨를 으쓱했다.

"그럼 네가 주고 싶은 만큼 줘."

나는 지갑을 열어 도대체 얼마를 줘야 하나 고민했다. 내가 결심한 듯 남아 있는 동전 모두를 주려고 하자 아저씨가 1쿡을 가리켰다.

"그거의 반만 줘."

600원 정도 되는 돈이었다. 200페소를 부를 땐 언제고 이제는 더

주겠다는데 덜 받겠다니. 내가 잠시 어리둥절해 있자 아저씨가 내 손에서 50센트짜리 동전 하나를 쏙 빼갔다.
어느 날은 속아줄 수밖에 없는 상황도 벌어졌다. 나는 새로운 곳에 가면 새로운 시도를 하는 걸 좋아한다. 특히 외모에. 최근 시도는 잠시 들렀던 스페인 세비야에서의 펌이었는데, 그 컬이 얼마나 강렬한지 파리에 돌아와서도 일주일간 사람들의 이목을 집중시킬 정도였다. 쿠바에서는 쿠바의 태양보다 더 강렬한 빨간 매니큐어를 칠해보고 싶었다. 아바나에는 네일숍이 정말 많았고, 지나가다가 안을 들여다보면 늘 만원이었다. 기초생필품을 사기에도 돈이 모자란 쿠바인들이 이토록 매니큐어에 열광하는 이유가 뭘까? 누구보다도 색에 민감한 사람들이라서 그런 걸까? 아무튼 나는 그날 수많은 네일숍 중 미리 점찍어둔 곳으로 향했다. 분명 숙소에서 가까운 곳이었는데 아무리 찾아봐도 내가 봐두었던 네일숍은 나타나지 않았다. 하는 수 없이 채소를 사고 있던 젊은 엄마에게 길을 물었다.
"어? 내가 매니큐어 칠하는 사람이야. 나를 따라와."
나는 긴가민가하는 마음으로 그녀를 따라갔다. 역시나 내가 도착한 곳은 네일숍이 아니라 엄연한 살림집이었다. 나를 거실에 앉혀둔 그녀는 먼지가 잔뜩 낀 조그만 탁자를 들고 와 내 앞에 놓았고, 거의 비어 있다시피 한 매니큐어들을 탁자 위에 '탁' 소리가 나도록 놓았다. 황당함이 파도처럼 밀려왔다. 불행 중 다행으로 그녀의 집에는 내가 찾는 빨간색 매니큐어가 없었다. 순간 옳다구나 싶었다.

"꼭 빨간색 매니큐어를 바르고 싶었어. 그러니까 다음에 다시 올게."

냉큼 일어서려는 나를 붙잡은 그녀가 애원하는 눈으로 말했다.

"빨간색을 사 오면 여기서 할 거야? 아들 시켜서 금방 사 올 수 있어."

나는 또 그 눈빛에 마음이 약해졌다.

"… 알았어."

곧 그녀의 아들이 집 밖 어딘가로 뛰어 나갔다.

"기다리는 동안 이거라도 먹어."

그녀는 내게 케이크 한 조각을 내밀었다. 마침 출출하던 차라 얼른 한 입 먹어봤는데 달콤한 게 입에서 살살 녹았다. 그때 네 살 된 그녀의 딸이 케이크를 달라며 칭얼댔다. 그녀는 단호하게 "안 돼!"라고 말하며 아이를 나무랐다. 결국 딸아이는 울음을 터뜨렸다. 나는 마음이 불편해져서 "다 먹었어."라고 말하며 남은 케이크를 슬그머니 딸아이 쪽으로 밀어놓았다.

"진짜지?"

그녀는 내게 재차 확인한 후 웃으며 딸에게 케이크를 건넸다.

기분이 좋아진 그녀가 집 구경을 시켜주었다. 보면 볼수록 상상할 수 없을 만큼 낙후된 집이었다. 욕실은 우리나라 7, 80년대 시골의 그것보다 더 낡아 보였고, 4인 가족이 잠을 잔다는 위층 침실에는 달랑 매트리스 두 개가 깔려 있었다. 제 구실이나 할까 싶은 세간들 중 그나마 거실의 낡고 낡은 텔레비전이 가장 좋아 보였다. 아무리 생각해봐도 사람이 살 수 있을 것 같지 않은 집이었다. 이 집은 내가 묵는 숙소 바로 맞은편에 있었다. 유럽식의 기품 있고 아름다운 숙소가 떠오르자 나도 모르게 충격을 받았다. 그때 그녀의 아들이 숨을 헐떡이며 돌아와 외쳤다.

"엄마! 다 뒤져봤는데 빨간색은 못 찾겠어!"

나는 순간 죄책감이 들었다.

'그저 이곳을 빠져나가려고 했던 말이 저 아이를 너무 고생시켰구나.'

나는 낡은 탁자 위에 있던 매니큐어들 중 오렌지색 매니큐어를 집어 들었다.

"그냥 이 색으로 할게."

잠시 일그러졌던 그녀의 표정이 환하게 밝아졌다. 그녀는 정말 세심하게 매니큐어를 발랐다. 마지막에는 은색 반짝이 가루까지 뿌려줬는데, 정말 마음에 쏙 들었다. 내가 흡족해하자 집에 있던 엄마도, 아들도, 딸도 좋아했다. 나는 처음에 그녀가 불렀던 가격보다 조금 더 많은 돈을 건넸다. 그녀는 내가 미안해질 정도로 고맙다는 말을 반복했다.

"언제 시간 되면 꼭 우리 집에 밥 먹으러 와!"

나는 그러겠노라고 답하고 그녀의 집을 나와 숙소로 돌아왔다.

"매니큐어 집은 잘 찾았니?"

수라마가 물었다. 나는 그녀에게 반짝반짝 빛나는 손가락을 보여주며 그날 겪은 일을 전했다. 평소처럼 찢어질 듯 웃을 줄 알았는데 그녀는 웬일인지 고개를 끄덕이며 의미심장한 표정으로 말했다.

"잘했어. 아주 잘했어. 오늘 아주 좋은 일을 한 거야."

로맨스 영화 속에 사는 남자

토요일. 음식을 잘못 먹은 모양인지 배탈이 나서 하루 종일 식은땀이 났다. 곧 쓰러지겠다 싶은 몸 상태임에도 불구하고 어떤 방식으로든 연락이 불가능한 인력거 청년과의 약속을 지키기 위해 약속 장소에 나갔다. 하지만 그는 그곳에 나타나지 않았다.

'아니, 만나달라고 사정사정할 때는 언제고 바람을 맞혀!?'

처음에는 그저 황당했다가 아픈데도 기어이 약속을 지키겠다며 여기까지 나온 나 자신이 너무 바보 같아 화가 치밀었다. 결국 씩씩거리며 까사로 돌아왔고, 수라마가 준 약을 먹고 그대로 자리에 누워버렸다. 얼마쯤 지났을까. 수라마가 나를 깨웠다.

"어떤 남자애가 너를 찾아."

나는 설마 그는 아니겠지 하는 마음으로 테라스에 나가 아래를 내려다보았다. 그런데 그가 떡하니 까사 입구에 서 있었다.
나를 발견한 그가 손을 흔들었다. 나는 괘씸하다는 생각에 그냥 방으로 들어가려고 했는데, 그의 오른팔을 두른 깁스가 눈에 들어왔다.
'팔을 다쳤나?'
괜히 마음이 약해졌다. 왠지 내려가봐야 할 것 같았다.
"팔을 다친 거야?"
"그때 너를 데려다주고 가는 길에 차랑 정면으로 부딪혀서 다쳤어."
순간 나는 그의 부상이 꼭 내 탓인 것만 같아 미안한 마음까지 들었다.
"약소 장소에서 너를 세 시간 넘게 기다렸는데 네가 오지 않아서 찾으러 온 거야."
그가 말했다. 나는 어이가 없어서 조금 전의 미안함을 싹 지우고 쏘아붙였다.
"무슨 소리야? 약속 시간에 맞춰서 그곳에 갔었고, 네가 오지 않아서 그냥 와버렸는데!"

상기된 내 얼굴을 보던 그가 결국 실토했다. 약을 먹고 낮잠을 자다가 깨보니 이미 약속 시간이 넘어버려서 부리나케 나가 봤는데 내가 없어서 이곳까지 달려왔다고. 나는 여기까지 온 그의 성의를 봐서, 그리고 나를 데려다주고 돌아가다가 사고를 당한 게 안타까워서 까사 옆에 있는 카페로 그를 데리고 갔다.

"사고가 났던 밸런타인데이에 병원에 들렀다가 말레콘에 갔었어. 그곳에 많은 연인들이 있었고, 나는 너를 생각하면서 혼자 걸었어."

나는 진지하다 못해 심각한 표정으로 마치 영화에서나 나올 법한 대사를 읊는 그를 빤히 바라보았다.

"거리에는 액세서리를 파는 사람들이 많았어. 나는 너에게 주려고 팔찌 하나를 샀지. 그런데 오늘 급하게 나오느라 집에 놔두고 왔지 뭐야. 다음번에 꼭 가져다줄게."

그는 우리가 또 볼 것처럼 말했다. 이제는 진실을 말해야 했다.

"있잖아… 사실 너는 내 타입이 아니야."

하지만 이 쿠바 남자는 눈 하나 깜짝하지 않았다.

"그럼 네 타입이 뭔데? 그런 건 우리가 만나봐야 알 수 있는 거 아니야?"

나는 그의 물음에 답을 찾지 못했다. 하지만 한 가지는 분명했다. 나는 진지한 건 좋지만 진지하다 못해 지나치게 심각한 남자는 싫었다. 그는 내가 만난 대부분의 유쾌한 쿠바인들과 다르게 무겁다 싶은 정도로 심각했다. 결국 한참을 사랑 타령에 목을 매는 그를 겨우 달래서 돌려보냈다.

숙소로 돌아오니 수라마가 한쪽 눈을 찡긋하며 물었다.

"저 남자애 마음에 안 드니?"

그렇다는 나의 표정에 그녀는 어쩔 수 없다는 듯 어깨를 으쓱했다.

기적의 마사지

아바나를 떠나기 전날, 여전히 아픈 속을 달래지 못하고 있자 수라마가 마사지사를 소개해줬다. 그녀가 소개해준 이는 내가 아바나에 처음 온 날 보았던, 음악에 심취해 골반을 화려하게 돌리던 그 흑인 여자였다.

"걔한테 마사지를 받으면 아픈 게 싹 나을 거야!"

수라마는 장담했다. 음식을 잘못 먹어 탈이 난 게 마사지로 나을까 싶었지만 나는 수라마의 은근한 압박에 (수라마와 마사지사는 친구였다.) 못 이기는 척 마사지를 받기로 했다.

다시 만난 마사지사는 서른 중반쯤 되어 보였다. 삐쩍 마른 그녀는 그 나이대 쿠바 여자들과 다르게 결혼도 하지 않았고, 아이도 없었다.

"나는 마사지에 내 인생 최고의 열정을 바치고 있어. 대학에서 강의도 하고 있지."

나는 고개를 끄덕였고, 그녀는 곧바로 마사지를 시작했다. 그렇게 내 몸 여기저기를 만지던 그녀가 갑자기 이런 말을 꺼냈다.

"네 몸에도 마사지사가 지니고 있는 치유의 에너지가 있어."

나는 그녀의 말을 곱씹었다. 치유의 에너지라…. 고등학생 때 내게 마사지를 받겠다며 줄을 서던 친구들이 떠올랐다. 일 때문에 케냐에 갔을 때 흑인 마사지사에게 받던 마사지가 성에 차지 않아 그를 눕혀놓고 내가 시범을 보이던 장면도 떠올랐다. 그런 일련의 장면들 몇 개가 더 떠오르자 나는 급격하게 쿠바의 젊은 마사지사를 신뢰하게 되었다. 아닌 게 아니라 그녀의 마사지는 정말로 훌륭했다. 몸 이곳저곳에 뭉쳐 있던 근육들이 솜사탕처럼 부드러워지는 것 같았다. 그런데 그녀의 손이 나의 엉덩이 쪽 뼈에 닿자마자 나는 나도 모르게 비명을 질렀다.

"아파! 날 죽일 셈이야?"

내가 정신없이 소리를 지르는데도 그녀는 눈 하나 깜짝하지 않고 오히려 더 세게 그 부분을 문질렀다.

"이게 많이 걸으면 생기는 근육이야. 이걸 잘 풀어줘야 해."
그녀는 진땀을 흘리고 있는 나를 일으켜 세우더니 자신을 따라 하라며 앞차기, 뒤차기를 선보였다.
"이게 무슨 마사지야?"
내가 웃음을 참으며 말했다.
"잔말 말고 그냥 따라 해."
그렇게 한바탕 달밤의 체조를 끝내자 그녀가 이번에는 고개를 숙이라고 말했다.
"이제 치유의 에너지를 건넬 거야."
그녀는 손으로 내 머리 위 허공에 원을 그렸다. 나는 더 이상 참지 못하고 킥킥거렸다.
"난 진지해. 웃지 마."
그리고 잠시 후 에너지 전달 과정이 끝났다. 정말로 몸이 가뿐해진 것 같았다.
"손금도 봐줄 테니 잠깐 손 좀 펼쳐봐."
나는 그녀가 시키는 대로 했다.
"흠… 너는 네가 좋아하는 여행은 많이 하겠지만 사랑은 꼬일 팔자야."

어, 어떻게 알았지? 신기했다. 이 말을 한 사람은 그녀가 처음이 아니었다. 내 손금을 본 여러 사람들이 나의 연애선이 꼬여 있다고 말했다. 실제로 나는 치유가 불가능하지 않을까 싶을 정도의 사랑병자다. 나는 사랑에 빠지지 않겠어, 라고 매번 다짐하면서도 쉽게 사랑에 빠져버렸다. 하지만 사랑에 빠지는 거랑 사랑을 제대로 할 줄 아는 거는 전혀 다른 문제였다. 언제쯤 이 병에서 자유로워질 수 있을까? 한 시간짜리 마사지는 한 시간 반이 지나서야 완전히 끝이 났다.

그날 저녁 침대에 누워 있는데 몸 안에서 따뜻한 기운이 올라와 몸 전체를 감싸는 느낌이 들었다. 그리고 다음 날 일어났더니 거짓말처럼 몸이 나아 있었다. 아니, 날아갈 것처럼 개운했다.

시간이 지나가길 기다리는 수밖에

아바나가 쿠바의 심장이라면, 그곳에서 보낸 시간들은 심장박동 소리와도 같았다. 그곳은 한 나라의 수도인 만큼 역동적이고 매력적이었다. 하지만 아바나를 떠나자마자 이런 생각이 들었다.

'아바나로 쿠바를 정의하려고 했던 건 지나치게 성급한 생각이었구나.'

아바나를 벗어나면서부터 비로소 쿠바가 보였기 때문이다.

나는 씨엔푸에고로 가기 전 세계 최고의 시가 잎 재배지로 유명한 비냘레스에 들렀다. 국립공원으로 지정될 만큼 자연경관이 빼어난 곳이었다. 나는 그곳에서 가이드 청년 레이니스를 만났다.

"어디로 가고 싶어?"

레이니스가 물었다.

"비날레스 계곡을 투어하고 싶어."

"적어도 20킬로미터는 걸어야 되는데 괜찮겠어?"

"이래 봬도 나 800킬로미터를 걸어본 사람이야. 걷는 거라면 누구보다 자신 있어."

우리는 조금 사이를 두고 걸었다. 얼마 후 드넓은 담뱃잎 농장이 나타났다.

"저게 다 우리 농장이야."

"와! 너 정말 부자겠구나!"

"땅을 정부가 무상으로 빌려준 거라 생산된 담뱃잎 중 90퍼센트를 정부에게 주어야 해. 부자가 될 수 없지."

나는 쿠바가 공산주의국가라는 걸 잠깐 잊고 있었다.

"나는 너처럼 여행하는 사람들이 부러워."

"여행하고 싶어?"

"당연하지. 누군들 여행하고 싶지 않겠어? 우리도 너희처럼 다른 곳에 가서 새로운 것들을 보고 싶어 해."

"어디 가고 싶은데?"

"어디든지… 갈 수만 있다면."

이들에겐 여행이라는 개념이 없었다. 그나마 여행을 해본 사람들은 카스트로 정권 이전, 쿠바가 중남미에서 가장 부유한 나라였을 때의 사람들이다. 슬픈 이야기지만 쿠바 젊은이 중에는 자기가 사는 도시 밖으로 나가본 사람이 얼마 되지 않았다.
"그래도 1년 전부터 자유롭게 여행하는 게 가능해진 거 아니야?"
나는 여행 전 보았던 뉴스가 떠올라 물었다.
"그건 그렇지만 네가 사는 나라로 여행을 가려면 내가 10년 동안 일하고 번 돈을 써야 해."
나는 아무 말도 하지 못했다. 그러자 그가 다시 말했다.
"다시 돌아와서 살아갈 돈이 없어."
나는 조용히 그의 말을 들으며 걷다가 나중에 뭘 하고 싶으냐고 물었다. 그러자 그는 질문에 대한 답인지 아닌지 모를 말을 중얼거렸다.
"모든 게 나아지기를, 시간이 지나가기를 기다려야지. 우리는 그렇게 계속 기다려야 해."
왠지 그의 말이 쿠바의 모든 젊은이들의 혼잣말처럼 느껴졌다.

닿을 수 없는 것

드디어 쿠바의 진주라 불리는 씨엔푸에고에 도착했다. 나는 웨딩플래너이자 사진사인 아라셀리의 까사에 짐을 풀었다. 까사 옆이 그녀의 사진관이었다.

“구경해도 돼요?”

“물론이지. 들어와.”

아라셀리가 웃으며 답했다. 나는 냉큼 사진관으로 들어섰다. 그때 사진관 입구에 비스듬히 서 있는 그를 보았다. 순간 ‘쿵’ 하고 심장이 가라앉았다. 어딘지 모를 곳을 응시하는 그의 눈길은 너무도 강렬하고 매혹적이었다.

“여기는 라파엘. 내 아들이야.”

아라셀리의 말에 나는 얼른 정신을 차리고 그에게 인사를 건넸다. 그는 수줍은지 살짝 웃다가 이내 고개를 돌려버렸다.
사진관 이곳저곳을 설명해주는 아라셀리의 말이 귀에 들어오지 않았다. 나는 뭔가에 단단히 홀린 사람처럼 그의 눈빛을 좇았다.
그는 여전히 입구에 서서 밖을 응시하고 있었고, 나는 그의 눈빛이 향하는 곳을 질투하고 있었다. 장룍에게 '뻥' 차인 후 처음으로 느끼는 감정이었다.

다음 날. 배를 타고 하구아 성에 가려고 집을 나서는데 아라셀리가 라파엘을 불렀다. 출근길에 나를 부두까지 데려다주라는 게 이유였다.
"괜찮아요! 출근하느라 바쁠 텐데!"
나는 손을 내저었지만 속으로는 '이게 웬 횡재냐!'라고 외치고 있었다. 그는 파란색 작업복을 허리에 걸친 채 자전거를 끌며 내 옆으로 다가왔다. 수줍음이 많은 그는 나를 제대로 쳐다보지도 못했다. 우리는 조금 어정쩡한 거리를 두고 집을 나섰다.
그는 한참 동안 나를 앞서갔다. 중간중간 고개를 돌려 내가 잘 따라오는지 확인하면서. 그러다 어느 순간부터는 나와 속도를 맞춰 걷기 시작했다. 내가 조금은 편해졌는지 말수도 많아졌다.

그의 가장 큰 관심사는 테크놀로지였다.

"그거 이번에 새로 나온 5S 아니야?"

아이폰을 사용하는 사람이 거의 전무한 쿠바에서 라파엘뿐만 아니라 꽤 많은 쿠바인들이 아이폰 모델 이름을 척척 알아맞혔다. 이야기는 스마트폰에서 인터넷 이야기로 넘어갔다.

"프랑스의 인터넷 사정은 어때?"

"인터넷망이 깔려 있어서 어디서든지 인터넷 사용이 가능해."

내 말에 그가 한탄하듯 말했다.

"… 여긴 그게 부족해."

"그 대신 우리는 같은 건물에 사는 사람들끼리도 서로 모르고 지내. 너는 이웃집을 드나들며 살지만 나는 옆집에 누가 사는지도 몰라."

라파엘은 마치 이 세상에 존재하지 않는 세계에 대해 듣는다는 듯 두 눈을 커다랗게 떴다. 무선 인터넷이 잡히는 세상이 그에게 별천지인 만큼 이웃끼리 서로 누군지도 모르고 사는 세계도 그에게 별천지였다.

어느새 씨엔푸에고 해협 부두에 도착했다. 그런데 배에 문제가 있어 아침 출항이 어렵다는 소식이 들려왔다. 나는 잠시 고민하다가 라구나 국립공원에 가기로 결심했다.

"라구나에 어떻게 가야 해?"

"인력거 택시가 있는데 뭘 고민해?"

나는 부두에서 10킬로미터 이상 떨어진 곳을 인력거 택시로 간다는 게 조금 이상했다.

"인력거 택시를 타야 주변 경치를 잘 볼 수 있잖아."

라파엘이 웃으며 말했다. 순간 나의 의구심은 눈 녹듯 사라졌다. 나는 '아무렴, 나보다 얘가 더 잘 알겠지.' 하며 그가 잡아준 인력거 택시에 올라탔다.

하지만 도착한 곳은 라구나 국립공원과 거리가 멀었다.

"여기가 홍학으로 유명한 라구나 국립공원 맞아요?"

"아이고, 아가씨, 잘못 왔네! 여기는 라구나 수영장이야. 공원에 가려면 차를 탔어야지!"

나는 화가 나기는커녕 이 상황이 웃겨서 배를 잡고 웃었다.

우여곡절 끝에 라구나 국립공원에 도착했다. 숲을 지나 조그만 선착장에 닿으니 〈노인과 바다〉에 나올 것 같은 쿠바 할아버지가 배 위에서 손님을 기다리고 있었다. 매일 뜨거운 햇살 아래에서 노를 저었을 할아버지의 검게 그을린 얼굴엔 삶의 굴곡이 그대로 새겨져 있었다.

나를 비롯한 세 명의 외국인 방문객은 그 조그만 배를 타고 홍학이 서식하는 곳으로 향했다. 한참 동안 말이 없던 할아버지가 갑자기 입에 손가락을 갖다 대며 소곤댔다.

"홍학은 조금만 가까이 가거나 작은 소리라도 들리면 바로 날아가버려. 최대한 가까이는 가보겠지만 바로 옆까지는 가지 못할 거야."

나지막한 할아버지의 목소리에 모두들 긴장하며 주위를 살폈다. 할아버지가 노 젓는 걸 멈췄다. 그러고는 손으로 어딘가를 가리켰다. 그 손끝을 따라 시선을 옮기자 숨이 막힐 정도로 아름다운 홍학 떼가 눈에 들어왔다. 세상에서 가장 아름다운 선홍빛이 눈앞에 펼쳐졌다. 누군가가 "조금만 더 가까이 가주면 안 돼요?"라고 묻자 할아버지가 인상을 쓰며 노를 젓기 시작했다. 순간 헤아릴 수 없을 만큼 많은 홍학들이 한꺼번에 비상했다. 눈앞에서 마법이 펼쳐진 것 같았다. 황홀경 그 자체였다. 넋을 놓고 홍학 떼를 바라보던 나는, 그 아름다움에 취해 있던 나는 이상하게 점점 슬퍼졌다.

… 닿을 수 없는 존재라는 걸 알아서였을까?

라파엘과의 데이트

아직 홍학의 여운이 가시지 않은 채 아라셀리의 까사로 돌아오자 라파엘 옆에 서 있던 그의 동생과 친구들이 웃으며 내게 물었다.

"라구나에는 잘 다녀왔어?"

보아하니 이미 상황을 알고 있는 것 같아 나도 웃으며 답했다.

"라파엘 덕분에 두 개의 라구나를 다 구경하고 왔어!"

내 말에 라파엘만 빼고 모두가 배를 잡았다. 라파엘은 자신의 실수가 미안한지 시선을 살짝 떨군 채 미소만 지었다.

상황은 이랬다. 라파엘은 나를 보낸 후 내가 가려던 곳이 수영장 라구나가 아닐 수도 있겠구나 싶어 일을 마치자마자 집에 돌아와 아라셀리에게 내가 가려던 곳을 확인했다고 한다. 당연히 내가 가려던 곳은 라구나 국립공원이었다. 그걸 옆에서 듣고 있던 그의 동생이 동네방네 라파엘의 실수를 떠벌려 소문이 쫙 퍼졌다. 이웃들은 그런 라파엘을 계속 놀려대고 있었다.
계속해서 미소만 짓던 라파엘이 조심스레 말했다.
"미안해. 내가 잘못 알았어. 대신 코펠리아에 아이스크림 먹으러 갈래?"
코펠리아는 쿠바 정부가 직접 운영하는 아이스크림 체인으로 현지인은 물론 외국인들에게도 명성이 자자했다. 나도 한번 가봐야지 생각만 했지 그때껏 코펠리아의 아이스크림을 맛보지 못했다. 게다가 그곳에 라파엘과 단 둘이 가게 되다니, 이런 게 일석이조 아닌가 싶었다.
코펠리아는 멀리서도 그곳이 코펠리아라는 걸 알 수 있었다. 수많은 사람들로 북적였기 때문이다. 나는 차례를 기다리며 말로만 듣던 '울띠모 시스템'을 체험했다. 새로 온 사람이 "울띠모(último. 마지막, 이란 뜻으로 '누가 마지막으로 온 사람이야?'라고 묻는 것이다.)?"라고 외치면 기다리던 사람 중 마지막으로 온 사람이 "소이 엘 울띠모(soy el último. 내가 마지막이야)."라고 대답하는 식이었다. 일렬로 줄을 서지 않아도 온 순서대로 공정하게 아이스크림을 사 먹을 수 있었다. 부족한 자원 때문에 어디서나 기다려야 하는 쿠바인들이 체득한 삶의 지혜였다.
약 30분쯤 기다린 후 드디어 가게 안으로 들어갔다. 종업원은 엄마와 딸이 앉아 있던 테이블로 우리를 안내했다. 둘만의 오붓한 데이트는 무슨.
"원래 이렇게 늘 합석해?"
처음 보는 사람과 합석하는 게 좀 어색한 나와는 달리 라파엘은 물론이고 그곳에 있던 어느 누구도 합석을 어색해하지 않았다. 사실 쿠바에 '어색하다.'라는 말이 존재할까 싶었다. 처음 보는 사람이라도 함께 이야기하며 울고 웃는 사람들이 바로 쿠바인이었으니까. 우리 테이블도 마찬가지였다. 함께한 지 채 5분도 되지 않았는데 우리는 마치 이곳에서 만나기로 한 친구들처럼 정신없이 수다를 떨고 있었다. 아이스크림 맛은 또 얼마나 좋은지! 별다른 게 첨가되지 않은 투박한 맛이었지만 내가 아는 세계적인 아이스크림 체인의 맛들과 비교해봐도 손색이 없었다.
아이스크림을 다 먹은 우리는 라파엘이 바텐더로 일했던

카바레에 공연을 보러 갔다. 그날은 멕시코 극단의 공연이 있었다. 신나는 춤과 음악, 그리고 공연장을 가득 메운 관객들의 열기 때문에 정신을 차릴 수 없었다. 어느덧 공연이 막을 내렸고, 화려한 조명이 일시에 꺼지더니 다시 경쾌한 음악이 흘러나왔다. 그러자 관중석에 앉아 있던 커플들이 일어나 춤을 추기 시작했다. 라파엘과 나 역시 일어나 음악에 몸을 맡겼다. 그는 쿠바인답게 화려한 골반 돌리기를 선보였다. 그런 그가 나를 정면으로 응시하면서 이렇게 말했다.

"너는 웃을 때가 정말 아름다워. 절대 웃는 걸 멈추지 마."

순간 심장이 터져버릴 것 같았다. 그는 낭만적인 해변가로 나를 이끌었다. 그의 휴대폰에 저장된 음악이 최대 볼륨으로 흘러나왔다. 대부분이 올드팝이었는데 쿠바 해안과 너무도 잘 어울렸다. 우리는 그렇게 함께 걸으며 대화를 이어나갔다.

새벽이 되어서야 집으로 돌아와 방으로 들어가려는데 라파엘이 나를 불러 세웠다.

"저기… 혹시 네 전화번호를 알려주면 안 될까? 네게 전화할 수 있게."

그도, 나도 알고 있었다. 어차피 우리는 이곳에서 함께할 수 있는 사이가 아니라는 것을. 나는 잠시 그를 쳐다보다가 전화번호를 알려주었다. 라구나의 홍학 떼가 비상할 때 느꼈던 아련한 슬픔이 다시금 밀려왔다.

불편하고도 편안한

나는 아침 내내 선크림을 사러 씨엔푸에고 시내의 웬만한 가게들을 전부 뒤지고 있었다. 늘 밖에서 일하느라 피부가 타다 못해 벗겨지는 라파엘이 안타까워 이곳을 떠나기 전 선크림을 선물로 주고 싶었다. 그런데 이 뜨거운 나라에서 선크림 찾기가 하늘의 별 따기였다. 쿠바에는 당연히 있을 거라고 믿는 것들이 없었다. 가령 휴지나 생수, 종이 같은 기본 물품들이 대부분의 가게에 비치되어 있지 않았다. 쿠바 공공화장실에 휴지가 없는 편이어서 휴대용 티슈를 사러 간 적이 있었는데, 그때 점원은 도대체 왜 그런 게 필요하지, 라는 눈으로 되레 나를 이상하게 쳐다봤다. 상황이 그러한데 선크림 찾기는 어땠겠는가.

간신히 외국인 화폐 전용 가게에서 선크림을 찾았는데 세상에,

엄청 적은 용량의 선크림 가격이 쿠바인의 평균 한 달 월급에 가까웠다. 무슨 선크림이 이렇게 비싸냐고 묻자 점원은 어깨만 으쓱했다.
다행히 라파엘이 점심을 먹으러 집으로 돌아오는 시간에 맞춰 나도 집에 도착할 수 있었다. 나는 이미 다음 도시로 떠날 준비를 다 해놓은 터라 얼른 배낭을 메고 나와 라파엘에게 선물을 내밀었다. 그는 가만히 내 선물을 쳐다보며 고맙다고 말했다. 왠지 마음이 찡했다. 옆에 있던 아라셀리도 아쉬운 표정을 감추지 못하고 "언제 씨엔푸에고에 다시 올 거야?"라는 말을 반복했다.
"꼭 다시 와야 해! 그리고 트리니다드에 도착하면 잘 도착했다고 꼭 전화 줘. 다른 도시에 가더라도 적어도 2, 3일에 한번 꼴로 연락 주고!"
나를 꼭 껴안고 뺨에 열 번도 넘는 초고속 키스를 하는 아라셀리의 품이 엄마의 품처럼 따뜻했다. 그렇게 아쉬운 작별의 인사를 끝내고 터미널을 향해 걸어가는데 뒤에서 누가 뛰어오는 소리가 들렸다. 고개를 돌려보니 라파엘이었다.
"배낭 줘. 터미널까지 들어줄게."

그저 조용히 걷던 그가 터미널 앞에서 뜸을 들이다 말했다.

"… 잘 가!"

"… 응. 안녕!"

나는 묘한 감정을 안은 채 터미널로 들어왔다. 뒤돌아보니 라파엘은 떠나고 없었다. 마치 백일몽을 꾼 것 같았다. 나는 그 꿈에서 깨어나고 싶어 사람들 속으로 정신없이 파고들었다.

나는 아바나에서 비냘레스까지, 그리고 그곳에서 씨엔푸에고까지 오는 데 외국인 전용 버스 '비아줄'을 이용했다. 그런데 앞뒤로 영어만 들리고 추울 만큼 에어컨을 틀어대는 그 버스가 너무 이질적으로 느껴졌다. 그곳은 쿠바가 아니었다. 나는 쿠바에 있을수록 쿠바를 더 알고 싶었다. 해서 이번에는 현지인들이 타고 다니는 트럭 버스를 이용해보기로 했다. 하지만 매표소 직원이 예상하지 못한 말을 전했다.

"트리니다드로 가는 트럭 버스표는 다 팔렸어요."

나는 트럭 버스를 타기 위해 줄을 서고 있는 현지인들에게 물었다.

"트리니다드로 가는 표가 떨어졌다는데, 그러면 차를 아예 못 타는 거예요? 정원 제한이 없다고 들었는데…."

내 말을 듣고 있던 사람들이 너도나도 대답했다.

"아니야! 탈 수 있어."

"트럭 운전사에게 말해."

"출발할 때 운전사한테 돈을 주면 돼."

나는 고맙다고 말한 후 표를 걷고 있는 트럭 운전사에게 달려갔다.

"제가 매표소에서 표를 못 샀는데 기사님께 돈 내고 타도 되죠?"

운전사는 월척을 잡았다는 표정을 짓더니 현지인보다 두 배 더 비싼 가격을 불렀다. 속으로는 얄미웠지만 다른 방도가 없었다. 외국인 전용 버스는 타고 싶지 않았으니까.

그렇게 올라탄 트럭 버스. 출발한 지 얼마 지나지도 않았는데 이마에서 땀이 뚝뚝 떨어졌다. 말이 트럭 버스지 그야말로 움직이는 사우나였다. 어정쩡하게 서서 땀을 비 오듯 흘리고 있는 내가 안쓰러웠는지 앞에 앉아 있던 여자가 물었다.

"내 자리에 앉을래?"

"아니야. 괜찮아."

잠시 후 그녀가 가방에서 뭔가를 꺼내더니 내게 내밀었다. 얼떨결에 받아 든 건 고무줄이었다. 내가 그녀를 바라보자

머리를 묶으라는 손짓을 보냈다. 나를 조금이라도 덜 덥게 만들어주려는 그녀의 마음이 너무 예뻤다. 그렇게 또 얼마쯤 지나자 그녀 옆에 앉아 있던 할머니가 말씀하셨다.

"내가 지금 내리니까 얼른 여기에 앉아."

할머니는 혹시나 자신이 앉아 있던 자리에 누가 앉기라도 할까 봐 내가 들어갈 길을 만들어주며 나가셨다. 자리에 앉자 조금은 살 것 같았다. 잠시 멍하니 앉아 있는데 옆에 앉아 있던 꼬마가 맞은편으로 가더니 아빠의 무릎 위에 앉았다. 오래 가려면 불편할 것 같아 내가 자리를 바꿔주겠다며 일어나니 한 아주머니가 트럭이 떠나가라 소리쳤다.

"치니따 뽀르 아이(chinita, por allí. 중국 여자애 저리로 간다)!"

혹여 내가 건너가는 사이에 아이 아빠의 자리에 누가 앉기라도 할까 봐 걱정되어서였다. 다들 불편할 텐데 난생처음 보는 나를 배려해주는 게 너무도 신기했다. 누군가 틀어놓은 신나는 음악 때문인지 거친 노면 때문인지 트럭 버스 전체가 들썩였다. 사람들은 서로 아는 사람처럼 수다 삼매경에 빠졌다. 세 살이나 됐을까 싶은 어린아이부터 여든은 되셨을 것 같은 할아버지까지, 모두가 트럭 버스의 덜컹임에 몸을 맡겼다.

어느새 아라셀리와 라파엘과 헤어져 잠시 우울했던 감정이 걷혔다. 그리고 그 어떤 순간보다도 마음이 편해졌다.

어릴 적 꿈

어릴 적 어느 하루, 나는 텔레비전을 보고 있었다. 연예인들이 직접 무언가에 도전하는 프로그램이었다. 당시 나는 서른 즈음의 한 여자 배우가 남미(아마도 아르헨티나였던 것 같다.)에서 춤을 배워 와 남자 파트너와 멋진 무대를 펼치는 걸 넋 놓고 보았다. 그때 그녀의 모습이 얼마나 멋져 보이던지, 나는 나도 모르게 생각했다.
'나도 서른 즈음에 남미에서 춤을 추고 있다면 얼마나 좋을까…!'
그때부터 내 머릿속에서 남미와 춤은 서로 떼려야 뗄 수 없는 관계가 되었다. 사실 그 당시 나는 발레를 배우며 장차 유명한 발레리나가 되는 게 꿈이었다. 동작 하나하나가 너무 우아하고 아름다워서 춤을 출 때마다 마치 한 마리의 백조가 된 느낌이었다. 하지만 그 꿈은 어느 날 산산조각이 났다. 엄마는 냉정하게 말했다.

"우린 집은 딸 둘 모두 예체능을 시킬 여유가 없어. 동생이 음악을 먼저 시작했으니 네가 양보해. 정 무용을 하고 싶으면 나중에 커서 해."

나는 너무나 서러웠다. 하지만 엄마의 말이 옳았다. 동생은 네 살 때부터 바이올린을 시작했고, 동생 하나 뒷바라지하는 것도 버거운 부모님이었다.

솔직히 말해서 나는 '끼'가 별로 없었다. 그런데 무슨 '흥'은 그렇게 많은지 가끔 신이 나면 그곳이 어디건 미친 여자처럼 혼자 흥얼대며 몸을 흔들었다. 하지만 이런 넘치는 흥에도 불구하고 나는 끔찍한 몸치였다. 스텝을 밟다가 발이 꼬이기 일쑤였고, 학교에서 군무라도 추게 되면 어느새 나만 미운 오리 새끼처럼 혼자 저만치 떨어져서 박자에도 맞지 않는 춤을 추고 있었다.

한번은 운동회 때 선보일 장기자랑을 위해 친구들과 안무 연습을 한 적이 있는데, 친구들이 뭔가를 보며 계속 웃었다. 뭐가 그렇게 웃기지, 하며 뒤를 돌아보면 아무것도 없었다. 나는 연습이 끝난 후에야 그 웃긴 대상이 나라는 걸 깨달았다. 그나마 혼자 춤을 추면 웃기기라도 하지 파트너와 함께 추는 춤은 정말 최악이었다. 이십 대 초반에 살사를 잠깐 배운 적이 있는데, 시간이 지날수록 파트너가 부리는 짜증의 수위가 높아졌다. 나는 적잖은 마음의 상처를 받았지만 공공의 이익(?)을 위해 춤을 그만둘 수밖에 없었다. '어쩜 이렇게 춤을 못 출 수가 있을까?'라는 사람들의 표정을 지금도 잊을 수가 없다.

서른을 앞두고 정말 남미에 왔다. 이번에는 제대로 춤을 출 수 있을까?

춤추듯 사랑할 수 있다면

"너는 미쳤어! 미친 게 틀림없어!"

트리니다드에 도착해 드디어 살사 레슨을 받으러 왔다. 한참을 가르쳐도 제대로 몸을 움직이지 못하는 나를 본 살사 선생님이 도무지 믿지 못하겠다는 표정으로 절규(?)했다.

"그래요! 나 미쳤어요! 하지만 너무 어렵다고요! 이 많을 걸 한꺼번에 어떻게 다 해요?"

나 역시 마음을 단단히 먹고 이곳에 왔기 때문에 기가 죽기는커녕 당당하게 외쳤다.

"살사는 남자가 리드하는 춤이야. 너는 그냥 상대에게 몸을 맡기면 돼!"

그녀는 자신이 이끄는 대로 몸을 맡기지 못하고 앞서가려 하는 나를 이해할 수 없다는 표정을 지었다.

"제발 침착해. 그냥 몸을 맡겨. 부드럽게, 천천히, 사랑하듯!"

나는 그녀의 말에 갑자기 몸이 굳었다. 그리고 나도 모르게 이런 말이 흘러나왔다.

"… 난 단 한 번도 그런 적이 없었어요."

"뭐라고?"

"나는 사랑에 단 한 번도 부드러운 적이 없었다고요."

사실이었다. 나의 연애 방식을 아는 친구들은 하나같이 내 사랑을 '파괴적'이라고 말했다. 누군가가 나를 사랑한다고 말하면 나는 그 말을 믿지 못했다. "이래도 네가 나를 사랑할 수 있겠어?"라며 모진 행동과 말로 상대를 괴롭히며 상대의 마음을 시험했다. 심지어 범죄를 조작하듯 나를 사랑하지 않는다는 증거를 일부러 만들려고도 했다. 사랑을 소중하게 가꾸며 키워가도 모자랄 판에 싹도 트지 않은 꽃을 뿌리째 뽑아버리는 것과 매한가지였다. 그러고 보면 나는 단 한 번도 사랑이란 춤에 상대방이 이끄는 대로 온전히 나를 맞기고 스텝을 밟아본 적이 없다. 그래서 내 사랑은 내가 추는 춤처럼 늘 스텝이 꼬였고 박자도 놓쳤다. 그런 나에게 천천히, 부드럽게, 그리고 사랑하듯 상대에게 몸을 맡기라고 말하는 건 애당초 무리한 요구였다. 하지만 선생님도 포기하지 않았다. 그녀는 내 말을 듣고 잠시 의미심장한 표정을 짓더니 다시 내 손을 잡고 준비 자세를 취했다. 순간 그녀의 얼굴에 사랑에 젖은 달콤한 표정이 깃들었다. 이 순간만큼은 자신이 사랑을 하고 있고 사랑을 받고 있음을 확신하는 표정이었다.

"서둘러서 빨리 하려고 하면 땀만 잔뜩 날 뿐이야. 계속 말하지만 천천히, 부드럽게, 사랑하듯 춤을 춰야 해."

나는 그녀가 입으로 내는 절묘한 비트 소리에 맞춰 방금 전에 배운 기본 스텝을 밟기 시작했다. 최대한 그녀에게 몸을 맡기려 노력했다. 그러자 그녀의 몸 안에 내재되어 있던 기쁨과 에너지 그리고 음악이 고스란히 나에게 들어오는 것 같았다. 그녀는 나의 몸뿐만 아니라 영혼까지 춤추게 했다. 어느새 나는 그녀의 리드에 온전히 몸을 맡기고 있었다. 더 이상 통제할 필요도, 두려워할 필요도 없었다. 이 순간만큼은 나도 세상에서 가장 부드럽고 달콤한 사랑을 만끽하는 여자였다. 나는 춤을 추면서 주문처럼 중얼거렸다.

'이렇게 춤추는 것처럼 사랑할 수 있다면!'

어느새 음악이 끝났다. 그녀가 나를 보며 활짝 웃었다.

“잘했어! 거봐! 되잖아!”

물론 나는 나 자신을 너무도 잘 알고 있다. 탁월한 몸치니까 분명 시간이 지나면 배운 스텝을 다 잊어먹을 것이다. 늘 그랬던 것처럼 스텝도 꼬이고 박자도 놓칠 것이다. 스스로도 민망해서 살사의 고향인 쿠바에서 춤을 배웠다고 말하지 못할 것이다. 하지만 그건 아무래도 좋았다. 이날 느낀 부드러운 사랑의 느낌만 기억할 수 있다면.

언제쯤 나도 사랑하듯 춤을 추고 춤을 추듯 사랑할 수 있을까?

진정한 혁명

쿠바까지 와서 체 게바라의 도시, 산타클라라를 건너뛸 수는 없었다. 체는 죽은 지 50년이 지났지만 여전히 쿠바인들의 사랑을 받았다. 어느 도시, 어느 골목, 어느 가게에 가더라도 체의 얼굴을 만날 수 있었다. 처음에는 그의 사진이나 초상화를 걸어놓으면 특별한 혜택이 있는 줄 알았다. 그래서 한 청년에게 물어보기도 했다.

"그건 의무가 아니야. 당연히 혜택도 없고. 우리는 아직도 그를 마음속 깊이 사랑하고 존경해."

이들의 순수한 마음을 의심했던 나를 부끄럽게 만든 대답이었다.

나는 이야기가 나온 김에 한 가지를 더 물었다.

"그럼 왜 체와 함께 혁명을 부르짖었던 피델의 초상화나 그를 기리는 문구는 별로 없어?"

그는 주위를 한번 둘러보더니 낮은 목소리로 답했다.

"그는 독재자야. 아무도 독재자를 좋아하지 않아. 이런 말을 밖으로 꺼낼 수는 없어. 하지만 모두가 나처럼 생각해."

혁명도 관광화되어버린 이곳에서 체가 부르짖었던 혁명의 의미는 더 이상 찾기 힘들었다. 어쩌면 쿠바 혁명의 꿈과 환상은 체 게바라의 죽음과 함께 사라졌을지도 모른다. 하지만 그는 그 자체로 혁명의 잃어버린 꿈을 상기시키고 아름답게 추억할 수 있도록 만들어주는 유일한 상징이었다. 동시에 정치 표현의 자유가 없는 쿠바에서 현 정권에 대한 불만을 소리 없이 표현하는 매개체이기도 했다.

그를 기념하는 기념관을 둘러보았다. 많은 사진 자료들을 보며 인상 깊었던 것은 젊은 그가 뿜어내는 자연스러움과 순수함이었다. 그는 보는 사람들로 하여금 호감을 느끼게 하는 힘을 가지고 있었다. 그러니 자신을 따르는 수많은 사람들을 만났을 테고, 피델처럼 권력에 안착하거나 집착하지 않고 또다시 연대를 이끌고 새로운 혁명을 위해 떠났을 것이다. 그리하여 젊은 나이에 죽음을 맞았지만 말이다.

사실 산타클라라는 체의 유골이 안치된 기념관을 빼면 볼 게 별로 없는 도시다. 실제로 이곳은 체가 태어난 곳도, 산 곳도, 죽은 곳도 아니다. 그가 펼쳤던, 쿠바 혁명의 마지막 전투였던 게릴라전만이 생전의 그와 산타클라라의 유일한 연결고리다. 분위기도 트리니다드나 아바나에 비하면 굉장히 평범하다. 하지만 체가 영면해 있기에 쿠바를 방문하는 많은 이들이 기꺼이 이곳을 거쳐 간다. 한 가지 아이러니했던 사실은 체의 사진과 글귀 등이 다른 쿠바의 도시들보다 현저히 적었다는 것이다. 그가 묻혀 있기에 그것으로 충분하다는 걸까.
체는 말했다. 진정한 혁명은 사랑의 감정에서만 생겨날 수 있다고. 그렇다. 삶에 대한 사랑이 없다면 삶의 혁명도 추구할 수 없을 것이다. 나는 이곳에서 삶을 사랑함과 동시에 혁명할 수 있는 내 모습을 꿈꿨다. 그리고 그가 했던 가장 유명한 말을 되뇌었다.
"아스따 라 빅또리아 씨엠쁘레(hasta la victoria siempre. 영원한 승리의 그날까지)!"

빨간 우산의 그녀

아침 햇살을 받은 까마구웨는 그 어떤 도시보다도 아름다웠다. 미로 같은 골목에서 안드레아 보첼리의 〈소뇨(sogno. 꿈)〉가 흘러나왔다. 산타클라라에서 만났던 호주 노년 커플은 "쿠바에서 까마구웨가 가장 아름다워."라고 말했다. 나는 이곳에 도착하자마자 그들의 말이 틀리지 않았음을 확신했다.

가벼운 발걸음으로 시내로 향하는 길에 해산물 칵테일이란 걸 발견했다. 나는 그 묘한 이름에 이끌려 노점 앞까지 다가갔다.

"해산물 칵테일이 뭐예요?"

"굴에 모히또와 레몬, 직접 만든 매운 고추 소스와 토마토소스를 섞어 만든 칵테일이에요."

나는 잠시 고민했다. 먹어보고 싶었다. 그런데 한편으로는 먹어도 괜찮을까 싶었다. 터키 여행 중 상한 굴을 먹고 심하게 탈이 났던 게 생각나서였다. 하지만 결국 호기심이 이성을 이기고 말았다.

나는 젊은 남자 상인이 건네준 해산물 칵테일을 조심스럽게 입안으로 흘려 넣었다. 굴의 시원하고 짭짤한 맛이 모히또와 절묘하게 조화를 이룬 가운데 고추 소스와 토마토소스, 레몬의 향이 온몸을 찌르르하게 만들었다. 맛은 정말 기가 막혔다. 서울에서든 파리에서든 팔기만 한다면 대박이 나지 않을까 싶을 정도로. 그런데 노점 앞에 붙어 있는 해산물 칵테일의 효능 또한 기가 막혔다.

'비타민 B와 철분 다량 함유.'

그리고 그 옆에 굵은 글씨로 '아프로디지아꼬(afrodisíaco. 성욕 촉진)'라는 말이 적혀 있었다. 부가 설명으로 '리비도와 정력을 증진시켜준다.'라고도 쓰여 있었다. 나는 깔깔대며 "이거 진짜예요?"라고 물었고, 젊은 남자 상인은 오히려 쑥스러워하며 그저 고개만 끄덕였다.

그러고 보니 쿠바인들은 음식을 설명할 때 농담 반 진담 반으로 성욕을 증진시켜준다는 소리를 자주 했다. 유명한 식당에 간다고 하면 괜히 눈을 흘기며 이렇게 말하기도 했다.

"조심해! 거기 음식은 굉장히 아프로디지아꼬해."

내가 느낀 쿠바인들은 굳이 이런 음식을 먹지 않더라도 충분히 리비도가 넘치는 사람들이었다. 이들에게 성과 사랑은 삶의 필수 요소이자 활력소였다. 나는 계속 흘러나오는 웃음을 머금은 채 시내 구경에 나섰다.

이 도시는 쿠바의 다른 도시들보다 문화예술이 발달한 도시다. 실제로 이곳은 쿠바의 대표 시인 니콜라스 기엔을 비롯한 쿠바의 대표 문인들 및 예술가들을 배출했다. 더불어 세계적인 명성을 가진 발레단 또한 이곳의 자랑이다. 거리 곳곳에 갤러리가 있었고, 작품들은 하나같이 파리의 그것과 비교해도 손색이 없었다. 나는 론리 플래닛은 물론 많은 가이드북이 추천하는 쿠바 현대 작가 호베르의 갤러리에 들어갔다. 순간 입을 다물 수 없을 정도로 감탄을 금치 못했는데, 굉장히 쿠바적이면서도 동양적인, 그러면서도 서구적인… 독특한 감성이 살아 있는 작품들이 즐비해서였다. 특히 그중 한 작품이 내 눈과 마음을 사로잡았다. 빨간 우산을 들고 있는 나체의 여인이었다. 가녀린 몸과 강렬한 빨간 우산, 그리고 그 위에 촘촘하게 뿌려진 모래들이 내 마음에 동요를 일으켰다. 나는 이 그림 없이는 갤러리를 나설 수 없으리라는 강한 예감을 느꼈다. 작품가가 생각보다 대단히 비싸지는 않았다. 하지만 배낭여행객에게 결코 싼 가격도 아니었다. 나는 그 자리에 붙박인 채 고민에 고민을 거듭했다. 소유하고자 하는 욕망보다 이 여인을 그냥 놓아두고 갈 수 없다는 생각이 강했다. 왠지 빨간 우산에 가려진 여인의 얼굴에 눈물이 흐르고 있을 것 같았다. 육감적인 여인이었지만 한편으로는 심장 저 밑에서부터 연민을 자아내는 모습이었다. 결국 나는 그 그림을 품에 안은 채 갤러리를 나섰다. 처음으로 내 소유가 된 그림이었다.

밀비아 집에서의 하룻밤

"삶은 매일이 투쟁이야. 우리는 투쟁하며 앞으로 나아가는 것밖에 할 수 있는 게 아무것도 없어!"

사실이었다. 실제로 내가 본 쿠바인들은 투쟁에 나서기라도 하듯 그 어떤 나라의 사람들보다도 일찍 일어나 열심히 일했다. 아름다운 해변과 향긋한 모히또, 양질의 코히바 시가는 그들의 삶과 거리가 멀었다. 아니, 서로 아무런 관련이 없다는 게 맞는 말일 것이다. 하지만 천성적으로 낙천적인 그들은 언제가 될지 모를 그날, 혁명의 꿈이 현실화되는 그날을 기다리며 고단한 삶을 이겨내고 있었다.

이제 내 여행도 매일이 투쟁의 연속이었다. 특히 트럭 버스로 여행한다는 건 대단한 인내심을 필요로 했다. 땀을 뻘뻘 흘리는 건 물론이요, 움직일 수조차 없을 만큼 만석인 트럭 버스를 타고 다음 도시로, 또 다음 도시로 나아가는 건 그야말로 투쟁이었다. 외국인 전용 버스로 한 번에 갈 수 있는 곳을 트럭 버스로 가려면 중간 기착지에서 갈아타는 걸 반복해야 했고, 시간도 두 배 이상 걸렸다. 하지만 이상했다. 그런 수고가 오히려 즐거웠다.

천장 역할을 하는 비닐의 뚫린 부분으로 트럭의 속도에 비례하는 바람이 들어와 머리카락을 흩날렸다. 가방에 담겨 있던 새끼 돼지가 주인이 잠든 틈을 타 탈출하는 바람에 비좁은 트럭 버스 안에서 코미디 같은 추격전이 벌어졌다. 승객이 다 내리지도 않았는데 출발하는 기사를 향해 성난 할아버지가 외쳤다.

"너 오늘 뭐 잘못 먹었어?"

그러면 승객들도 기사도 낄낄대며 웃어댔다. 이 모든 상황은 그 무엇과도 바꿀 수 없는 묘한 행복감을 주었다.

라스 뚜나에서 바이아모로 가는 트럭 버스로 갈아탔다.

내 뒤로 십 대 후반, 많이 먹어도 이십 대 초반 정도로 보이는 여자 아이가 아기를 안고 들어섰다. 그녀도, 아기도 몹시 허기져 보였다. 내 눈에만 그리 보였던 게 아닌지 승객들은 너도나도 그녀에게 뭘 좀 먹었느냐고 물었다.

"… 아뇨. 하루 종일 아무것도 못 먹었어요."

그녀의 말에 사람들은 앞다투어 과자와 음료수를 건넸다. 트럭 버스가 출발하자 그녀가 아기에게 젖을 물렸다. 그런 그녀와 이런저런 이야기를 하게 됐는데, 말 끝에 그녀가 내게 물었다.

"바이아모에 도착하면 어디에서 자?"

"글쎄… 모르겠는데."

그녀의 눈이 휘둥그레졌다. 나는 수라마의 까사 이외에는 숙소를 예약한 적이 없다. 그냥 그 도시에 도착해서 숙소를 찾는 게 그리 어려운 일이 아니었고, 직접 방을 보고 나서 가격을 흥정하는 게 더 편해서였다.

"그럼 오늘은 우리 집에서 잘래? … 올 거지?"

상식적으로 혼자 여행하는 여자가 모르는 사람의 초대에, 그것도 자기 집에서 하룻밤을 머물라는 제안에 응하면 안 되겠지만 그녀의 표정이 너무 밝고 순박해서 거절할 수 없었다.

그녀의 이름은 그녀의 미소만큼이나 예쁜 밀비아. 그녀의 집은 바이아모에서도 차로 20분 정도 더 들어가야 하는 시골이었다.

그녀가 집에 들어서자마자 외쳤다.

"엄마, 이 언니가 오늘 잘 곳이 없다고 해서 데려왔어."

가족 모두가 입을 모아 잘했다, 잘했다, 하며 그녀와 아기, 나를 너무나 반갑게 맞아주었다. 그녀의 어머니는 마치 내가 어린아이라도 되는 양 내 머리를 계속 쓰다듬으며 웃었다.
"우리는 가난해. 하지만 너를 진심으로 환영해!"
피곤할 테니 샤워부터 하라는 말에 욕실인지 아닌지 모를 곳으로 갔는데 수도꼭지를 틀어도 물이 나오지 않았다.
"저기… 물이 안 나오는데요."
"옆을 봐! 양동이에 물이 가득 차 있을 거야! 바가지를 사용해서 몸에 물을 뿌리면 돼. 혹시라도 네가 추울까 봐 물을 데워놨어."
나는 고마운 마음에 불편할 수밖에 없는 샤워를 기분 좋게 끝냈다.
"다 끝났어? 배고프겠다. 얼른 와서 밥 먹어!"
가족들이 모여 있는 곳으로 가보니 밥과 스파게티, 돼지고기가 한 상 가득 차려져 있었고, 내 접시에 담긴 음식 양이 제일 많았다.
"이건 너무 많아요. 나눠 먹어요."
그러자 어머니가 손을 내저으며 말했다.
"아니야. 남기지 말고 다 먹어."
종일 끼니다운 끼니를 먹지 못해 허기져 있던 나는 정말 게 눈

감추듯 음식을 먹어 치웠다. 꿀맛이 이런 것이겠구나 싶었다. 밥을 다 먹으니 가족 모두가 나서서 내 잠자리를 준비했다. 내가 이런 환대를 받아도 되나 싶었다. 가만히 상황을 살펴보니 이 집에 방이 두 개 있는데 내게 방 하나를 내주고 나머지 가족 모두가 다른 한 방에서 자려고 하는 것 같았다. 이번에는 내가 손을 내저으며 말했다.

"아니에요! 그냥 거실에서 대충 잘게요."

하지만 가족들은 웃으며 괜찮다고, 내가 편하게 지내는 게 더 기분 좋은 일이라고 말하며 내게 방을 내주었다. 어떻게 처음 보는 내게 이런 친절을 베풀 수 있을까.

방은 공사가 덜 된 모양인지 창문이 있을 자리가 뻥 뚫려 있었다. 그 공간으로 저녁 바람이 솔솔 들어왔다. 나는 내 이부자리를 만들고 있는 밀비아에게 물었다.

"나 때문에 네가 불편하게 돼버렸네. 미안해. 그나저나 오늘은 무슨 일로 친정에 온 거야?"

"남편과 싸웠어. 그래서 엄마 집으로 와버린 거야."

상황인즉, 그녀의 남편은 집에 돈을 잘 갖다주지 않았고, 기어이 어제는 먹을 게 떨어졌다. 그래서 그녀는 남편에게 음식 사 먹을 돈을 달라고 했고, 야멸찬 남편은 거절했다.

"그래서 어젯밤에는 허기진 채로 잤지 뭐야!"

옆에서 이야기를 듣고 있던 그녀의 어머니와 할머니가 분노했다.

"우리는 가난해도 사람을 굶기지는 않아!"

그녀의 어머니는 밀비아에게 신신당부했다.

"그놈이 널 찾으러 올 때까지, 손이 발이 되도록 빌 때까지 절대 연락할 생각도 하지 마!"

하지만 다른 가족들이 모두 잠을 자러 들어가자 밀비아는 어딘가로 전화를 했고, 울면서 내게 다가왔다.

"내가 떠난 후에 남편이 계속 나를 찾으러 다녔대."

"왜 벌써 전화했어?"

나도 그가 괘씸했기에 밀비아를 나무랐다.

"보고 싶은데 어떡해!"

눈물을 닦고 웃는 밀비아는 한창 연애 중인 어린 소녀와 다르지 않았다. 이제 겨우 스무 살인 그녀는 아직 아이 엄마가 되기에는 너무 많이 어리고, 또 너무 여렸다.

모히또 다이끼리 그리고 사랑 한 잔

드디어 산티아고 데 쿠바에 닿았다. 이곳에 대한 나의 관심과 호기심은 쿠바의 어떤 도시들보다도 컸다. 쿠바에 오기 전 걸었던 산티아고 순례길의 연장선인 것만 같아서였다. 이름이 같다는 것 하나만으로도 애착이 갔다.

16세기, 17세기에 걸쳐 쿠바의 수도였던 산티아고는 지금도 아바나와 어깨를 나란히 하는 쿠바 문화의 중심지다. 특히 손과 볼레로, 누에바 트로바 등 쿠바 음악을 대표하는 장르들이 이곳에서 태어났다. 부에나 비스타 소셜 클럽으로 잘 알려진 콤파이 세군도도 이곳 출신이다.

'뜨거운 땅'이라 불리는 이곳은 날씨도 사람도 뜨거웠다.

산티아고 해협을 통해 수많은 노예들이 들어왔던 역사 때문에 흑인의 비율도 굉장히 높았는데, 그 때문인지 문화 자체가 아프리카적인 느낌이 강했다. 혁명의 시작을 알린 '몬타카 병영 습격'이 일어난 곳이기도 해서 피델은 이곳을 가리켜 '쿠바 혁명의 요람'이라 불렀고, 쿠바인들은 '영웅의 도시'라 칭했다. 분명한 건 이곳이 시대를 이끌었던 반항아들의 도시라는 점이다. 이 도시는 관광객들의 호불호가 분명하게 갈린다고 했다. 짐을 풀고 산티아고 거리를 천천히 걷다 보니 그 이유를 알 것 같았다. 우선 산티아고 해협과 시에라 마스트라산맥 사이를 수놓고 있는 오래되고 컬러풀한 건물들과 경사진 골목길은 그 자체로 아름다웠다. 시내 곳곳에서 펼쳐지는 크고 작은 파티 때문에 그저 거리를 걷는 것만으로도 카니발 한가운데에 와 있는 것 같았다. 실제로 매년 이곳에서 열리는 카니발은 국제적인 명성이 자자하다.

하지만 그러한 감탄도 잠시. 도시가 가진 매력만큼이나 눈살을 찌푸리게 하는 것들이 있었는데 바로 지나친 호객 행위였다. 100미터마다 달라붙는 히네떼로(jinetero. 일명 삐끼)를 상대하자니 금세 지치기 시작했다. 다른 곳에서는 싫다는 의사를 웬만큼 표시하면 물러섰는데, 이곳의 히네떼로는 폭발하기

일보 직전까지 사람을 물고 늘어졌다. 바로 이 히네떼로 때문에 적지 않은 관광객들이 산티아고 데 쿠바라고 하면 치를 떨었다. 심지어 히네떼로의 악명 때문에 이곳을 거치지 않고 다른 도시로 넘어가는 사람들도 있었다. 하지만 나는 이곳에 꼭 오고 싶었다. 이곳에 오지 않을 수 없었다. 서른 맞이 여행의 절정을 이곳에서 만끽하고 싶었다.

나는 기분 전환도 할 겸 라이브 음악으로 유명한 '아르텍스'에 갔다. 어떤 술이 있느냐는 내 질문에 귀엽게 생긴 종업원이 웃으며 답했다.

"맥주, 모히또, 피나콜라다, 다이끼리 그리고 사랑!"

"나는 모히또 한 잔만."

그는 아쉽다는 듯 미소 짓고는 곧바로 모히또 제조에 들어갔다. 얼마 지나지 않아 흑인 밴드의 트로바 연주가 시작됐다. 한때 수없이 들었던 부에나 비스타 소셜 클럽의 연주에 버금갈 정도로 훌륭한 연주였다. 첫 번째 곡을 끝낸 밴드가 내게 다가와 말했다.

"두 번째 곡은 아름다운 아가씨를 위해서!"

그들은 〈베사메 무쵸(besame mucho. 키스해주오)〉를 부르겠다고 말했고, 나는 떨리는 마음으로 그들을 바라봤다. 그때 메인

보컬이 나에게 물었다.

"사베스 베사르(sabes besar)?"

여러 의미로 해석할 수 있지만 직역하면 키스할 줄 아느냐는 뜻이었다.

"끌라로(claro, 물론이지)."

나의 대답과 동시에 연주가 시작됐다. 나는 음악에 취해 헤밍웨이가 생전에 즐겨 마셨다던 다이끼리를 한 잔 더 시켰다. 오후 4시가 채 되지 않은 시간이었다. 뜨거운 태양 아래에서 살짝 술기운이 오른 채 〈베사메 무쵸〉를 듣고 있자니 모히또와 다이끼리 대신 사랑을 주문해도 될 뻔했다는 생각이 들었다.

미친 짓

"넌 한 번도 사랑에 빠진 적이 없어."

사랑의 천국 쿠바에서, 그것도 까사에서 고양이 돌보는 것 외에는 특별히 하시는 일도 없어 보이는 쿠바 할머니에게 이런 말을 들을 줄이야. 나는 늘 생각했다. 내 사랑의 방식이 삐뚤어졌든 어쨌든 나는 너무나 쉽게 사랑에 빠진다고.

"아니에요. 저 남자친구도 있었고, 연애도 많이 했어요."

그러자 할머니는 고개를 가로저으며 단호하게 말씀하셨다.

"너는 너 나름대로 사랑을 했다고 생각할지 모르겠지만 너는 사랑한 적이 없어."

나는 괜한 오기가 생겼다. 그리고 오기 끝에 이런 의문이 생겼다.

'나를 오늘 처음 보셨는데 어떻게 저리 확신하실 수가 있지?'

내가 반문할 전의도 잊은 채 멍하니 있자 할머니가 말을 이어가셨다.

“네가 정말 사랑에 빠졌다면 그 장소에서 그 사람과 함께 머물고 싶어 했을 거야. 지금처럼 방황하고 있지 않을 거라고.”

“아니, 그게….”

나는 무슨 말이라도 해보려 했지만 할머니는 막무가내로 자신의 논리를 펼치셨다.

“잘 들어. 네가 정말로 사랑에 빠지는 날 이 모든 방황이 끝날 거야. 너와 함께하는 사람이 너의 미친 짓을 따라 할 수는 없어.”

“미친 짓이요?”

문득 트리니다드에서 만났던 살사 선생님의 말이 떠올랐다.

‘너는 미쳤어! 미친 게 틀림없어! 제발 상대에게 몸을 맡기고 부드럽게, 천천히, 사랑하듯 움직여봐!’

“지금까지 들은 너의 상황을 총정리해보면 너는 집도 없고 일도 없고 돌아갈 곳도 없어. 맞지?”

“네….”

부인하고 싶었지만 사실이었다.

“정말 사랑에 빠지고, 그 사람과 함께하고 싶다면 모든 게 달라져. 그때도 어디를 가고 싶으면 갈 수 있겠지. 하지만 그 사람과 함께 갈 수 있고, 돌아갈 곳도 생겨. 그게 지금과 다른 점이야. 네가 이 미친 짓을 끝내려면 진정한 사랑이 필요해."

묘한 논리였지만 반박할 수 없었다.

"너는 이제 성숙의 나이에 들어섰다고. 알아듣겠어?"

상상도 하지 못했다. 쿠바 여행 막바지에, 머리카락 나고 처음 본 쿠바 할머니에게서 사랑에 대한 독한 훈계를 듣게 될 줄이야. 하지만 나는 인정할 수밖에 없었다. 할머니의 말은 나의 현실을 날카로우리만큼 정확하게 지적하고 있다는 것을.

장뤽이 떠올랐다.

"… 너는 늘 이런 식이야. 나한테 모든 걸 맡기고 사라져버리지."

그는 내가 쿠바로 떠나오기 전 지금껏 한 번도 내비치지 않았던 섭섭함을 표현했다. 늘 어디를 가든 넓은 세상을 보고, 더 많은 사람들을 만나라고 적극적으로 지지해주던 그였다. 우리가 알고 지내던 그 오랜 시간 동안 내가 새처럼 자유로울 수 있었던 것도 늘 그가 나의 둥지 역할을 해줬기 때문이다. 하지만 그는 더 이상 나의 짐 보관소가 되고 싶지 않다고 말했다. 이제 정말 나는 갈 곳을 잃은 사람이 되고 마는 걸까.

나는 여전히 방황하고 있었고, 사랑할 줄 몰랐다. 할머니의 말이 하나도 틀리지 않았다. 어쩌면 나는 정말 사랑에 한 번도 빠지지 못했던 걸 수도 있다.

영원한 승리의 그날까지

다음 날, 나는 코브레 성당으로 향했다. 코브레 성당은 산티아고 데 쿠바 외곽에 위치한 쿠바의 대표적인 순례지로, 산티아고 시내에서 차를 타고 가야 하는 곳이다. 나는 그곳까지 갈 차를 물색하다가 마음에 쏙 드는 빨간색 올드카를 발견했다. (쿠바에서는 올드카를 택시처럼 대절할 수 있다.) 그 올드카는 1952년산 빈티지로 오래된 광고에서 막 튀어나온 것처럼 아름다웠다. 쿠바를 여행하면서 한 번쯤은 올드카, 그것도 빨간색 올드카를 타보고 싶었지만 왠지 사치처럼 느껴져 미루고 있던 참이었다. 하지만 쿠바 여정이 얼마 남지 않았다. 나는 눈 딱 감고 쿠바의 오래된 명물을 몸소 체험해보기로 했다.

"이름이 뭐예요?"

나는 올드카 주인이자 기사인 남자에게 물었다.

"산티아고요."

나는 그 이름을 듣자마자 산티아고 순례길 마지막 구간에 만났던 비엔베니도 아저씨가 떠올랐다. 산티아고에 살고 있지만 까미노를 걸어 산티아고로 묵묵히 걸어가던 '환영한다.' 아저씨. 나는 올드카 기사의 이름도 왠지 쿠바 산티아고에 온 걸 '환영한다.'라는 뜻으로 들렸다.

쿠바에서 가장 성스러운 곳으로 여겨지는 코브레 성당에는 쿠바의 수호 마리아인 '카리다드 마리아'가 모셔져 있다. 쿠바의 전통 신앙 '산테리아'에서는 카리다드 마리아를 '춤과 사랑의 여신'으로 여겼다. 쿠바인들의 삶에는 춤과 사랑이 빠질 수 없는 모양이다.

그저 성당이겠지 했던 나는 목적지에 닿자마자 깜짝 놀랐다. 성당을 둘러싸고 있는 협곡만으로도 입이 벌어졌는데 성당 안에서 전해져오는 놀랄 만큼 평온하고 경건한 느낌이 온몸을 전율케 했던 것이다. 운 좋게도 막 미사가 시작되고 있어 나는 얼른 성당 한쪽에 자리를 잡고 앉았다. 그런데 나는 또 한 번 놀라지 않을 수 없었다. 그날의 강론 주제가 바로 '사랑'이었기 때문이다. 신부님의 한마디 한마디는 전날 할머니가 내게 해주셨던 이야기의 흐름과 다르지 않았다.

"마음으로만 누군가를 사랑하는 건 진정한 사랑이 아닙니다. 누군가를 사랑한다면 그 사람이 행복할 수 있도록 자신의 삶을 바쳐야 해요. 그것만이 진정한 사랑입니다."

마치 이기심과 자의식으로 똘똘 뭉친 나에게 들으라고 하는 말 같았다. 내가 정말 누군가를 내 삶을 다 바칠 만큼 사랑한 적이 있던가. 늘 내가 상처받기 싫다는 이유로 상대에게 상처를 주지 않았던가. 언젠가 장뤽이 했던 말이 떠올랐다.

"우리는 똑같은 사람을 사랑하고 있어. 나도 너를 사랑하고, 너도 너를 사랑해."

미사가 끝났다. 나는 한참을 더 자리에 앉아 있다가 태어나 처음으로 성당 제단에 불을 붙이고 기도를 올렸다.

'제대로 똑바로 사랑하게 해주세요.'

내 눈에는 어느새 눈물이 고였다. 그러고 보면 이번 서른 맞이 여행은 산티아고가 큰 역할을 하고 있었다. 스페인 산티아고에서는 제대로 똑바로 살게 해달라고 기도했다. 그리고 이곳 쿠바 산티아고에서는 제대로 똑바로 사랑하게 해달라고 기도했다. 삶 속에서 제대로 똑바로 살아가고 사랑한다는 게 얼마나 힘든 일일까. 그러려면 내면의 진정한 혁명이 필요할 터였다. 얼마 지나지 않아 다시 원상태로 돌아오고 마는 그런 피상적인 혁명이 아니라 잘못된 삶과 사랑의 습관들을 영영 떨쳐버릴 수 있게 하는 내면의 진정한 혁명 말이다. 물론 이 혁명이 성공할지 실패할지는 알 수 없다. 하지만 나는 다짐했다. 그 혁명에서 승리하자고.

비바 아모르

"여기 앉아도 돼요?"

나는 홀로 앉아 있던 여인에게 다가가 물었다.

"물론이지!"

산티아고의 유명한 카페인 '이자벨리카'는 쿠바 최고의 카페였다. 가끔 장소 자체가 아우라를 지니고 있는 경우가 있는데 이곳이 그랬다. 뭐라고 꼬집을 수는 없지만 마치 매력적인 사람이 그러하듯 사람을 홀리는 데가 있었다. 달콤하고도 부드러운 맛의 커피도 이 카페의 매력 중 하나였다. 나는 산티아고에 온 날부터 이자벨리카를 즐겨 찾았고, 쿠바인들이 그렇듯 늘 누군가와 합석해 즐거운 시간을 가졌다. 설령 혼자 앉아 있더라도 옆 테이블에서 늘 합석을 권했다. 홀로 카페에 앉아 노트북이나 책을 들여다보며 시간을 보내는 광경은 이곳에 없는 풍경이었다.
내가 합석을 제안한 여인의 이름은 엘리자베스. 몇 마디 나누지 않았는데도 나는 그녀의 당당함과 지성, 애교에 홀딱 빠져버렸다. 그녀는 카페 손님들과 대부분 아는 사이인 듯했다. 자신에게 인사하는 모든 이들을 향해 쿠바 남부 여인만 할 수 있는 키스(입술을 동그랗게 모은 채 "쪽쪽!" 소리를 내거나 입술에 가볍게 손을 댔다 떼는)를 날렸다. 우리가 웃고 떠드는 사이 카페에 한 할아버지가 들어와 두리번거렸다. 그냥 보기에도 돈은 없는데 커피는 한 잔 마시고 싶다, 라는 표정이었다. 사람들이 외면하겠지, 라고 생각하고 있는데 엘리자베스가 종업원에게 손짓하며 외쳤다.
"제가 살 테니 커피 한 잔 드리세요!"
그리고 다시 나를 바라본 그녀가 말했다.
"나는 쿠바와 내가 사는 산티아고를 정말 사랑해. 이곳을 떠나서는 그 어느 곳에서도 살지 못할 거야!"
나는 적지 않은 수의 쿠바인들을 만나왔고, 그들 대부분이 쿠바를 떠나는 게 꿈이라고 말했다. 때문에 내심 그녀의 말에 놀랐다.

“여기서 사는 게 힘들지는 않아요? 솔직히 부족한 게 너무 많잖아요.”

“물론 쉽지 않아. 하루하루가 투쟁이지. 하지만 나는 이곳에 사는 게 정말 행복해.”

그 말끝에 엘리자베스는 내게 윙크를 날렸다. 나는 그제야 깨달았다. 그녀가 왜 질투가 날 정도로 아름답고 특별해 보이는지를. 바로 지금, 여기서 행복하기 때문이었다.

나는 스무 살이 된 이후 많은 곳을 돌아다녔다. 그런데 이제 와 생각해보면 나는 여러 곳에 있었지만 동시에 아무 곳에도 존재하지 않았다. 게다가 항상 ‘이곳’에 대한 불만족이 있어 결과적으로 그 어느 곳에서도 행복하지 않았다.

약간 침울한 기분으로 생각에 잠겨 있는데 엘리자베스가 누군가를 소개했다.

“이자벨리카 단골 가수야. 이 사람의 부인은 정말 아름다운 목소리를 가지고 있어. 네가 꼭 들어봐야 할 텐데…. 몸이 아파서 오전에는 쉬고 있지만 오후에는 종종 남편과 함께 이 카페에 노래를 부르러 와.”

나는 얼떨결에 기타를 멘 남자와 인사했다. 그러자 엘리자베스가 남자에게 반주를 부탁해 노래를 부르기 시작했다. 대단히 매혹적인 목소리였다. 노래는 쿠바의 음유시라 불리는 누에바 트로바의 대표곡 〈모자를 쓴 여인〉이었다.

한 여인이 사라졌네.
먼지와 망상처럼.
그 아름다운 광란과
그녀의 가느다란 허리도 사라졌네.
나의 사랑도,
모래사장 위에 찍힌 나의 발자국도
그녀라는 바다 속으로 사라졌네.

쿠바에서 늘 들었던 신나는 음악과는 다르게 서정적이고 몽환적인 노래였다. 아름다웠다. 너무도 아름다워서 나도 모르게 눈물이 고였다. 그걸 본 옆 테이블의 남자가 다정한 눈빛을 보냈다.

그녀의 노래가 끝난 후 우리 테이블에서는 내가 왜 산티아고 데 쿠바를 떠나지 못하고 계속 머무는지에 대한 토론이 벌어졌고, 엘리자베스는 나에게 눈을 찡긋하며 말했다.
"조심해. 여기에서 사랑에 빠지면 다시는 못 떠나. 떠나도 다시 돌아오거나."
옆에 있던 남자도 질세라 말을 덧붙였다.
"벌써 그런 게 느껴지는데! 딱 보면 알아!"
그의 말이 끝나기 무섭게 엘리자베스가 외쳤다.
"비바, 아모르(viva amor. 사랑 만세)!"
그렇다. 나는 이번에 제대로 사랑에 빠졌다. 쓴맛이 있기에 달콤함이 부각되는 매혹적인 쿠바와. 나는 매일 아침 이 카페에서 인생이라는 쓴 커피에 설탕을 잔뜩 부어 넣는 쿠바인들과 유쾌한 대화를 나누며 노래하고 춤추며 살고 싶었다.
하지만 나는 알고 있었다. 이제 돌아가야 한다는 걸.

H.REX

HET 241

El Comercio

PARE

SALIDA EMERG

© 태원준

© 태원준

에필로그

모든 것은 결국 가까이에

다시 일상으로 돌아온 나는 집 앞 슈퍼마켓에 들렀다 충격을 받았다. 진열대 위에 놓여 있는 수많은 물건들에 현기증이 인 것이다. 이렇게 많은 종류의 메이커와 다양한 선택 사항이 있었나? "없어." 혹은 "떨어졌어."라고 말하던 쿠바와는 전혀 다른 세계였다. 수많은 물건들이 저를 봐달라고, 사달라고 아우성치는 것 같아 속이 울렁거렸다. 나는 단 한 번도 무언가가 부족한 세상에 살아본 적이 없다. 그런 세상을 알지 못하니 상상해본 적도 없다. 모든 걸 너무 당연하다고 생각하며 살아왔다. 쿠바인들의 한 달 평균 월급의 몇 배에 해당하는 돈으로 일주일치 장을 보는 게 이상하지 않았다. 어쩌면 관계 혹은 사람조차 과하게 소비했을지도 모르겠다.

여행에서 돌아온 나는 동생을 만나러 독일로 날아갔고, 그곳 동물원에서 '그것들'을 만났다. 바로 라구나 국립공원에서 보았던 홍학 떼.

"홍학 떼 보러 라구나 그 먼 곳까지 갔는데, 이렇게 가까이에 있었네."

동생은 재미있다는 듯 깔깔대며 말했다.

"결국 다 가까이에 있는 거야."

"그래도 라구나의 홍학이 훨씬 더 아름다워."

"아무렴 그렇겠지. 야생에서 서식하는 홍학이 동물원에서 사육되는 홍학보다야 아름답지 않겠어?"

동생 말이 맞았다. 동물원 속 홍학은 아무리 가까이 가도 미동조차 하지 않았다. 하지만 라구나의 홍학은 어땠는가. 조금만 다가가도 인간의 손길이 닿을 수 없는 먼 곳으로 날아가버리지 않았던가. 아무리 노력해도 닿을 수 없는 환상처럼 말이다.

그러고 보면 난 항상 '저 별' 병에 걸려 있었다. 이 별이 아닌 저 별에 살아야 한다는 일종의 강박 같은 거였다. 현실에 만족하지 못하는 나 스스로를 돌아보지 않은 채 늘 내가 있는 이곳이 아닌

저곳을 찾아 헤맸다. "우리가 불행한 것은 자신의 행복을 모르고 있기 때문이다."라는 도스토옙스키의 말처럼 나는 나의 행복을 가로막고 있었다. 결국 내가 있어야 할 곳은 저 별이 아닌 이 별인데 말이다. 아무리 쿠바가 좋은들, 아무리 그곳에 속하고 싶은들 내가 있어야 할 곳은 이곳이었다. 그리고 내가 그토록 불만스럽게 여기던 이곳도 많은 쿠바인들에겐 그 어떤 대가를 치르고서라도 오고 싶어 하는 유토피아였다.

어떤 이는 별을 보려거든 하늘을 보지 말고 땅을 보라고 했다. 우리가 살고 있는 곳도 별이라고. 나는 내가 살고 있는 곳이 별이라는 사실을 망각했다. 그러니 주위를 둘러볼 줄 몰랐다. 그 망각의 대가로 늘 공허를 떠안고 있어야 했던 건 아닐까.

사랑도 마찬가지였다. 나는 여태껏 나 자신을 사랑할 수 없어서 다른 사람이 나를 대신 사랑해주기를 바랐다. 그래서 늘 사랑을 찾았고, 늘 사랑해줄 사람을 찾았다. 내가 나에게 주지 못하는 사랑을 다른 사람의 눈에서 찾고 싶어 했다. 그 사랑은 아름다울 수 없었다. 에리히 프롬은 "사랑은 홀로 성숙해지고 나서 자기 스스로를 위해, 그리고 다른 사람들을 위해 하나의 세계가 되는 것."이라고 말했다. 나는 지난 여행으로 하나의 세계가 되지는 못했다. 하지만 나를, 그리고 주위를 돌아볼 수 있게 되었다. 그러니 공허하지 않은 삶을, 조금은 덜 이기적인 사랑을 시작할 수 있지 않을까?

작가의 말

조금은, 아주 조금은 알 것 같은 것들

살면서 이토록 행복했던 순간이 얼마나 될까?

나는 이 책을 쓰면서 행복했고 또 행복했다. 너무 행복해서 가끔 이 책을 끝내는 게 두려웠다. 하지만 모든 좋은 것들의 끝이 원치 않아도 늘 눈 깜짝할 새에 찾아왔던 것처럼, 이 '선물' 같던 시간 역시 끝이 났다. 까미노가 그 길 자체로 내게 보상이었듯, 이 책 역시 원고를 쓰는 그 과정만으로도 충분한, 아니 과분한 보상이었다.
내가 온전히 '나'일 수 있었던 시간, 이야기를 하는 사람이 되고자 하는 꿈이 현실이 될 수 있었던 시간. 이 시간과 이 시간을 간직할 수 있게 해준 많은 이들에게 감사할 뿐이다.

나에게는 이 책을 쓰는 순간순간이 또 다른 여행이었고 또 다른 길이었다.

'너의 이야기'를 써도 되겠냐는 나의 메일에 흔쾌히 승낙해주고 그 누구보다도 애정 어린 응원으로 내게 힘을 준 제시카와 까미노에서 만난 수많은 인연에 감사한다. 쿠바에서 나를 사로잡았던 수많은 아름다운 사람들에게는 미안한 마음과 고마운 마음이 교차한다. 이것 또한 쿠바의 매력이겠지.
향후 시장 개방 앞에서도 당신들의 '춤'과 '사랑'은 영원하길.
책을 쓰는 이 아름다운 여행을 가능하게 해준 김옥자 편집장님을 비롯한 북로그컴퍼니 식구들, 그리고 무엇보다 제시카처럼 나의 정신적 동반자로 이 여정의 처음과 끝을 장식해준 태윤미 팀장님에게 마음속 깊은 고마움을 전한다.
마지막으로 소중한 가족과 친구들, 그중에서도 냉철한 비판을 아끼지 않으며 내 원고의 충실한 모니터 요원이 되어준 나의 동생 상은과 나의 영원한 산티아고인 장뤽에게 사랑한다고 말하고 싶다.

걸을 때는 자신만의 리듬에 맞춰 걸으면 됐지만, 춤을 출 때는 두 사람의 호흡이 함께 만들어내는 리듬이 필요했다. 걸을 때는 스스로의 발에 의지해서 앞으로 나아가면 됐지만, 춤을 출 때는 잡고 있는 상대의 손에 의지해야 했다. 걷는 건 직선이었고, 춤추는 건 나선이었으며, 삶은 직선과 나선 그 어디쯤에 있었다. 앞으로만 나아가서도 안 됐고 그렇다고 제자리에서 돌고 있을 수만도 없었다. 돌면서 어느 정도의 폭을 만들며 앞으로 나아가야 했고, 그 폭이 인생의 깊이를 결정했다. 그런 의미에서 스페인 산티아고에서 만났던 제시카나 마리아는 삶의 순례자였고, 쿠바에서 만났던 수많은 쿠바인들은 사랑의 순례자였다.

한 가지 분명한 사실은 이 여행을 시작하기 전 나는 걷는 법도, 춤추는 법도 몰랐다는 것이다. 앞으로 나아가기는커녕 고장 난 차처럼 늘 정지해 있었고, 스텝이 꼬이거나 박자를 놓치기 일쑤였다. 그러니 내 삶이 어디쯤에 있는지 알지 못했다.

이제 와서 지난 여정을 다시 떠올려보니 정말 꿈 같은 순간이었다. 행복한 순간이었다. 물론 지금의 나는 여전히 완벽과는 거리가 한참 먼 사람이지만 적어도 어떻게 걷고 춤춰야 하는지, 그리고 어떻게 살고 사랑해야 하는지 조금은, 아주 조금은 알게 된 것 같다.

걷는 듯 살아가고, 춤추듯 사랑할 수 있기를.

A Jean-Luc, Mon Santiago

나의 산티아고, 장뤽에게